東京大学工学教程

基礎系 数学
フーリエ・ラプラス解析

東京大学工学教程編纂委員会 編 　加藤雄介 著
　　　　　　　　　　　　　　　　　求　幸年 著

Fourier-Laplace
Analysis
SCHOOL OF ENGINEERING
THE UNIVERSITY OF TOKYO

東京大学工学教程

編纂にあたって

　東京大学工学部，および東京大学大学院工学系研究科において教育する工学はいかにあるべきか．1886 年に開学した本学工学部・工学系研究科が 125 年を経て，改めて自問し自答すべき問いである．西洋文明の導入に端を発し，諸外国の先端技術追奪の一世紀を経て，世界の工学研究教育機関の頂点の一つに立った今，伝統を踏まえて，あらためて確固たる基礎を築くことこそ，創造を支える教育の使命であろう．国内のみならず世界から集う最優秀な学生に対して教授すべき工学，すなわち，学生が本学で学ぶべき工学を開示することは，本学工学部・工学系研究科の責務であるとともに，社会と時代の要請でもある．追奪から頂点への歴史的な転機を迎え，本学工学部・工学系研究科が執る教育を聖域として閉ざすことなく，工学の知の殿堂として世界に問う教程がこの「東京大学工学教程」である．したがって照準は本学工学部・工学系研究科の学生に定めている．本工学教程は，本学の学生が学ぶべき知を示すとともに，本学の教員が学生に教授すべき知を示す教程である．

2012 年 2 月

　　　　　2010–2011 年度
　　　　　東京大学工学部長・大学院工学系研究科長　北　森　武　彦

東京大学工学教程

刊行の趣旨

　現代の工学は，基礎基盤工学の学問領域と，特定のシステムや対象を取り扱う総合工学という学問領域から構成される．学際領域や複合領域は，学問の領域が伝統的な一つの基礎基盤ディシプリンに収まらずに複数の学問領域が融合したり，複合してできる新たな学問領域であり，一度確立した学際領域や複合領域は自立して総合工学として発展していく場合もある．さらに，学際化や複合化はいまや基礎基盤工学の中でも先端研究においてますます進んでいる．

　このような状況は，工学におけるさまざまな課題も生み出している．総合工学における研究対象は次第に大きくなり，経済，医学や社会とも連携して巨大複雑系社会システムまで発展し，その結果，内包する学問領域が大きくなり研究分野として自己完結する傾向から，基礎基盤工学との連携が疎かになる傾向がある．基礎基盤工学においては，限られた時間の中で，伝統的なディシプリンに立脚した確固たる工学教育と，急速に学際化と複合化を続ける先端工学研究をいかにしてつないでいくかという課題は，世界のトップ工学校に共通した教育課題といえる．また，研究最前線における現代的な研究方法論を学ばせる教育も，確固とした工学知の前提がなければ成立しない．工学の高等教育における二面性ともいえ，いずれを欠いても工学の高等教育は成立しない．

　一方，大学の国際化は当たり前のように進んでいる．東京大学においても工学の分野では大学院学生の四分の一は留学生であり，今後は学部学生の留学生比率もますます高まるであろうし，若年層人口が減少する中，わが国が確保すべき高度科学技術人材を海外に求めることもいよいよ本格化するであろう．工学の教育現場における国際化が急速に進むことは明らかである．そのような中，本学が教授すべき工学知を確固たる教程として示すことは国内に限らず，広く世界にも向けられるべきである．2020年までに本学における工学の大学院教育の7割，学部教育の3割ないし5割を英語化する教育計画はその具体策の一つであり，工学の

教育研究における国際標準語としての英語による出版はきわめて重要である．

　現代の工学を取り巻く状況を踏まえ，東京大学工学部・工学系研究科は，工学の基礎基盤を整え，科学技術先進国のトップの工学部・工学系研究科として学生が学び，かつ教員が教授するための指標を確固たるものとすることを目的として，時代に左右されない工学基礎知識を体系的に本工学教程としてとりまとめた．本工学教程は，東京大学工学部・工学系研究科のディシプリンの提示と教授指針の明示化であり，基礎（2年生後半から3年生を対象），専門基礎（4年生から大学院修士課程を対象），専門（大学院修士課程を対象）から構成される．したがって，工学教程は，博士課程教育の基盤形成に必要な工学知の徹底教育の指針でもある．工学教程の効用として次のことを期待している．

- 工学教程の全巻構成を示すことによって，各自の分野で身につけておくべき学問が何であり，次にどのような内容を学ぶことになるのか，基礎科目と自身の分野との間で学んでおくべき内容は何かなど，学ぶべき全体像を見通せるようになる．
- 東京大学工学部・工学系研究科のスタンダードとして何を教えるか，学生は何を知っておくべきかを示し，教育の根幹を作り上げる．
- 専門が進んでいくと改めて，新しい基礎科目の勉強が必要になることがある．そのときに立ち戻ることができる教科書になる．
- 基礎科目においても，工学部的な視点による解説を盛り込むことにより，常に工学への展開を意識した基礎科目の学習が可能となる．

東京大学工学教程編纂委員会　　委員長　光　石　　　衛
幹　事　吉　村　　　忍

基礎系 数学
刊行にあたって

　数学関連の工学教程は全17巻からなり，その相互関連は次ページの図に示すとおりである．この図における「基礎」，「専門基礎」，「専門」の分類は，数学に近い分野を専攻する学生を対象とした目安であり，矢印は各分野の相互関係および学習の順序のガイドラインを示している．その他の工学諸分野を専攻する学生は，そのガイドラインに従って，適宜選択し，学習を進めて欲しい．「基礎」は，ほぼ教養学部から3年程度の内容ですべての学生が学ぶべき基礎的事項であり，「専門基礎」は，4年生から大学院で学科・専攻ごとの専門科目を理解するために必要とされる内容である．「専門」は，さらに進んだ大学院レベルの高度な内容で，「基礎」，「専門基礎」の内容を俯瞰的・統一的に理解することを目指している．

　数学は，論理の学問でありその力を訓練する場でもある．工学者はすべてこの「論理的に考える」ことを学ぶ必要がある．また，多くの分野に分かれてはいるが，相互に密接に関連しており，その全体としての統一性を意識して欲しい．

＊　　　＊　　　＊

　指数関数の変数を複素数にまで拡張すると，Eulerの公式により三角関数と指数関数が同じ関数の別側面として統一的に記述できる．Fourier・Laplace解析は，この指数関数というよく振る舞いがわかっている関数の重ね合わせで表現することで任意の関数を解析するという手法である．一般化により問題を簡明にする，困難を分割して解析してから後に統合する，という数学の基本的な精神が見事に現れている分野である．本書では，周期関数のFourier級数から始めて，関数空間の基底という考え方を導入し，さらにFourier・Laplace変換を用いた微分方程式の解法までを解説する．

東京大学工学教程編纂委員会
数学編集委員会

viii　　　基礎系 数学　刊行にあたって

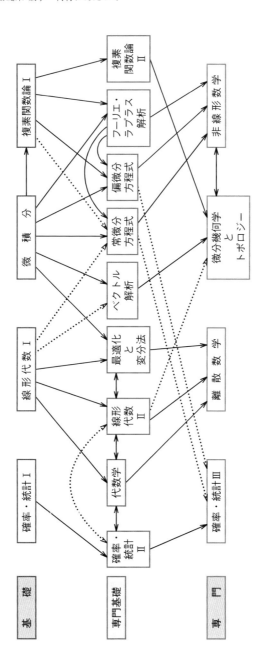

工学教程（数学分野）の相互関連図

目　　次

はじめに 1

1 基礎的事項 **3**
   1.1 三角関数と複素数の指数関数 3
   1.2 三角関数と指数関数の微分，積分 5

2 Fourier 級数 **7**
   2.1 有限区間における三角関数の直交性 7
   2.2 Fourier 級数展開 8
   2.3 Fourier 展開係数 9
   2.4 区分的に連続な関数 11
   2.5 Fourier 級数展開定理 14
   2.6 いくつかの例 15
   2.7 Fourier 級数展開定理の証明 18
   2.8 一様収束 23
   2.9 不連続点での振る舞い 25
   2.10 平均収束 30
   2.11 任意の区間での Fourier 級数展開 34
   2.12 複素係数の Fourier 級数展開 35

3 直交関数系と一般化 Fourier 級数展開 **37**
   3.1 正規直交関数系 37
   3.2 任意関数系の直交化 38
   3.3 直交関数列による一般化 Fourier 級数展開 41
   3.4 いくつかの例 44
       3.4.1 Legendre 多項式展開 44

		3.4.2 Hermite 多項式展開	53
		3.4.3 Laguerre 多項式展開	56

4　Fourier 変換　61

- 4.1　有限区間から無限区間への極限操作 61
- 4.2　Fourier 変換とその収束性 62
- 4.3　いくつかの関数の Fourier 変換 63
- 4.4　基本的な性質 67
- 4.5　デルタ関数 68
  - 4.5.1　デルタ関数のさまざまな関数形 69
  - 4.5.2　デルタ関数の性質 71
- 4.6　たたみこみ積分の Fourier 変換 72
- 4.7　導関数の Fourier 変換 74
- 4.8　Fourier 変換の応用 75

5　常微分方程式の Green 関数と Fourier 解析　77

- 5.1　2 階線形常微分方程式の境界値問題 77
- 5.2　Green 関数 78
- 5.3　Green 関数の求め方 83
- 5.4　Green 関数が存在する条件 85
- 5.5　広義 Green 関数 88
  - 5.5.1　Green 関数が存在しない場合の境界値問題 88
  - 5.5.2　境界値問題と広義 Green 関数 92
  - 5.5.3　広義 Green 関数の求め方 92

6　Fourier 変換を用いた偏微分方程式の解法　97

- 6.1　偏微分方程式の例 97
  - 6.1.1　ポテンシャル問題と Laplace 方程式 97
  - 6.1.2　波動方程式 98
  - 6.1.3　拡散方程式 100
- 6.2　変数分離法 101
- 6.3　境界値問題と Green 関数法 103
- 6.4　応用例 108

6.4.1　固定端の波動方程式の初期値問題 108
　　　6.4.2　静電場のポテンシャル分布 110

7　Laplace 変換　　113
7.1　Laplace 変換の定義と収束性 113
　　　7.1.1　定　　　義 113
　　　7.1.2　収　束　性 113
7.2　いくつかの関数の Laplace 変換 115
7.3　Laplace 変換に関する関係式 117
　　　7.3.1　基 本 的 な 性 質 117
　　　7.3.2　導関数の Laplace 変換 118
　　　7.3.3　原始関数の Laplace 変換 119
　　　7.3.4　たたみこみ積分の Laplace 変換 120
7.4　Laplace 逆変換 121
7.5　Laplace 変換を用いた線形常微分方程式の初期値問題の解法 124
7.6　Laplace 変換を用いた偏微分方程式の解法 126
7.7　Laplace 変換の応用 128
　　　7.7.1　質 点 の 運 動 128
　　　7.7.2　電　気　回　路 131
　　　7.7.3　制　御　問　題 132
　　　7.7.4　波　動　方　程　式 136
　　　7.7.5　拡　散　方　程　式 138

参　考　文　献　. 141
索　　　引　. 143

はじめに

　本書は，理工学の広い分野で威力を発揮する Fourier・Laplace (フーリエ・ラプラス) 解析の基礎を，大学工学系学部の学生が道具として使うことができるようになることを目的として解説するものである．数学としての厳密性の証明よりも実際の問題への応用を念頭においたわかりやすさを重視し，できる限り具体的な例を盛り込むことで，Fourier・Laplace 解析を実際に使えるものとして会得することを目標としている．

　Fourier 解析は，19 世紀初めに Joseph Fourier によって固体中の熱伝導を解析するために提案された理論に端を発している．これを用いることで，複雑な周期関数や非周期関数を簡便に記述・解析することが可能となるため，数学の一大分野をなすまでに発展し，物理学に限らず理工学のほとんどの分野で欠かすことのできない数学的なツールとなっている．一方，Laplace 解析は，Fourier 解析に現れる Fourier 変換の発展ともいえる Laplace 変換にもとづく解析体系である．特に時間発展など実用面における有用性が重視されて発展し，電気工学や制御工学などをはじめとする理工学の広い分野で重要な解析ツールとなっている．

　これらの重要な分野の標準的な内容を効率よく体得することを目指して，本書の構成は以下のとおりとした．第 1 章で三角関数や複素数の指数関数に関する基礎的な事項を復習したのち，第 2 章と第 3 章では，有限区間で定義された関数に対する Fourier 級数展開とその一般化について学ぶ．第 2 章では，もっとも基本となる三角関数を用いた Fourier 級数を導入し，その収束性について，関数の連続性・不連続性との関係や，不連続点の周りでの振る舞いなどを，実例を交えながら解説する．その後，第 3 章では Fourier 級数展開の考え方を拡張し，一般の直交関数系を用いた一般化 Fourier 級数展開について学ぶ．線形代数との類似性をもとに正規直交関数系と Gram-Schmidt (グラム・シュミット) の正規直交化法を解説し，例として基本的な直交多項式をいくつか取り上げ，それらによる展開法を，具体例を交えて示す．

　第 4 章では，前章までに学んだ Fourier 級数展開を無限区間における関数に拡張する形で Fourier 変換を導入する．いくつかの実例を交えながら，収束性をは

じめ基本的な性質を説明する．ここで紹介するデルタ関数やたたみこみ積分などは，次章以降で学ぶ微分方程式の解法における重要なテクニックを含んでいる．

第 5 章では，常微分方程式の境界値問題に対する Green (グリーン) 関数を用いた解法を学ぶ．直交関数系や Sturm-Liouville (スツルム・リウヴィル) 型固有値問題を用いて Green 関数の意味と構成法を説明する．さらに，境界値問題に Green 関数が存在しない場合の物理的な理由と，その場合に Green 関数に代わる広義 Green 関数の求め方とその意義についても例を用いて説明する．この章は，直交関数系や Sturm-Liouville 型固有値問題の応用例を示し，かつ次章の偏微分方程式における Green 関数法の予備知識を提供するものである．

第 6 章では，Fourier 変換を用いた偏微分方程式の解法を学ぶ．物理的に重要となる偏微分方程式として，Poisson (ポアソン) 方程式，Laplace (ラプラス) 方程式，波動方程式，拡散方程式を紹介する．その後，1 次元拡散方程式を例にとって，変数分離法や Green 関数法を用いた解法を解説する．その他の偏微分方程式についても，実際の解法を具体的に示すことで，Fourier 変換の有用性を示す．

最後の第 7 章では，Fourier 変換と並んで重要となる Laplace 変換について学ぶ．まずはいくつかの実例を通じて，Laplace 変換の基本的な性質と，たたみこみ積分など応用上重要な事柄を紹介する．その後，Fourier 逆変換とは様相が異なる Laplace 逆変換について解説する．最後に Laplace 変換の応用として，常微分方程式と偏微分方程式の解法を学ぶ．常微分方程式としては，質点の運動，電気回路，自動制御の例を取り上げ，偏微分方程式としては第 6 章で取り扱った波動方程式と拡散方程式を取り上げる．第 5 章と第 6 章で紹介した Fourier 変換による解法と比較することで，Laplace 変換による解法のメリットを示した．

本書で学ぶ Fourier・Laplace 解析は極めて標準的な内容であり，すべての工学系学生に身につけてもらいたいものとなっている．これらを学ぶ上で必要なバックグラウンドは，微積分の知識と複素解析論のいくつかの基本的な知識である．これらについては工学教程の『微積分』『複素関数論 I』で学んでほしい．また，本書で紹介しているとおり，ここで学ぶ Fourier・Laplace 解析は常微分方程式や偏微分方程式の解法への応用上，極めて重要なものである．こうした応用については，本工学教程で刊行が予定されている『常微分方程式』と既刊の『偏微分方程式』(2017 年 1 月現在) を合わせて学習することで，確固たる知識として会得していただきたい．また，これらを含む専門的な発展としては『非線形数学』が刊行されている．興味がある学生はそちらも参照されたい．

1 基礎的事項

Fourier (フーリエ) 解析を学ぶ上で欠かせない三角関数や複素数の指数関数に関する基礎的な事項を復習する．Euler (オイラー) の公式や三角関数と指数関数の微積分・周期性について示し，次章以降の学習のバックグラウンドとする．

1.1 三角関数と複素数の指数関数

図 1.1 のように，2 次元平面に直交座標 (x,y) を定め，その原点を O とする．原点を中心とする半径 1 の円 (単位円) 上に点 P をとる．線分 OP と x 軸のなす角を θ とし，その単位は以下ラジアン (radian) であるものとする．θ のとり得る値は $[0, 2\pi)$ の範囲にあるとする．点 P の 2 次元座標を $(\cos\theta, \sin\theta)$ と表し，これを三角関数の定義とする．以下ではこれを周期 2π の周期関数として定義域を $\theta \in (-\infty, \infty)$ に拡張する．この定義から性質

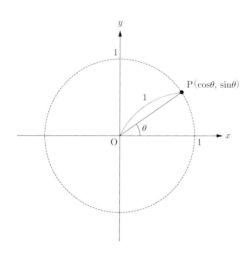

図 1.1　2 次元平面上の点の座標としての三角関数の導入．

$$\cos^2\theta + \sin^2\theta = 1 \tag{1.1}$$

$$\cos\left(\frac{\pi}{2}-\theta\right) = \sin\theta, \quad \sin\left(\frac{\pi}{2}-\theta\right) = \cos\theta \tag{1.2}$$

$$\cos(\pi-\theta) = -\cos\theta, \quad \sin(\pi-\theta) = \sin\theta \tag{1.3}$$

や加法定理

$$\cos(\theta+\theta') = \cos\theta\cos\theta' - \sin\theta\sin\theta' \tag{1.4a}$$

$$\sin(\theta+\theta') = \sin\theta\cos\theta' + \cos\theta\sin\theta' \tag{1.4b}$$

が導かれる．また $\cos\theta, \sin\theta$ がそれぞれ θ の偶関数，奇関数であることもわかる．

加法定理からは倍角の公式

$$\cos 2\theta = \cos^2\theta - \sin^2\theta = 1 - 2\sin^2\theta = 2\cos^2\theta - 1 \tag{1.5a}$$

$$\sin 2\theta = 2\sin\theta\cos\theta \tag{1.5b}$$

が得られる．

2乗すると -1 になる数 i を虚数単位という．これと三角関数を用いて，純虚数に対する指数関数を

$$\mathrm{e}^{\mathrm{i}\theta} \equiv \cos\theta + \mathrm{i}\sin\theta \tag{1.6}$$

と定義する (Euler の公式)．この定義と加法定理から以下の性質を導くことができる：

$$\mathrm{e}^{\mathrm{i}\theta}\mathrm{e}^{\mathrm{i}\theta'} = \mathrm{e}^{\mathrm{i}(\theta+\theta')}. \tag{1.7}$$

実際に

$$\begin{aligned}\mathrm{e}^{\mathrm{i}\theta}\mathrm{e}^{\mathrm{i}\theta'} &= (\cos\theta + \mathrm{i}\sin\theta)(\cos\theta' + \mathrm{i}\sin\theta') \\ &= \cos\theta\cos\theta' + \mathrm{i}^2\sin\theta\sin\theta' + \mathrm{i}(\sin\theta\cos\theta' + \cos\theta\sin\theta') \\ &= \cos(\theta+\theta') + \mathrm{i}\sin(\theta+\theta') = \mathrm{e}^{\mathrm{i}(\theta+\theta')}\end{aligned} \tag{1.8}$$

となる．また，定義式 (1.6) と三角関数の周期性から，$\mathrm{e}^{\mathrm{i}\theta}$ が周期 2π の周期関数であることはただちにわかる．

1.2 三角関数と指数関数の微分,積分

変数 θ がゼロに近づくときの極限値は定義から

$$\lim_{\theta \to 0} \cos\theta = 1, \quad \lim_{\theta \to 0} \sin\theta = 0 \tag{1.9}$$

となる.

次に,図 1.2 のような単位円の一部をなす中心角 $2\theta \in (0, 2\pi)$ の扇形を考える.θ が小さい極限で,円弧の長さ 2θ と弦の長さ $2\sin\theta$ は等しくなるから,$\lim_{\theta \to +0} \sin\theta/\theta = 1$ であり,かつ $\sin\theta$ が奇関数であることを用いると $\sin\theta/\theta$ の $\theta \to 0$ における左極限と右極限は等しく

$$\lim_{\theta \to 0} \frac{\sin\theta}{\theta} = 1 \tag{1.10}$$

が得られる.関係式

$$\lim_{\theta \to 0} \frac{\cos\theta - 1}{\theta} = 0 \tag{1.11}$$

は,倍角の公式 (1.5) を用いて次のように導かれる:

$$\begin{aligned}
\lim_{\theta \to 0} \frac{\cos\theta - 1}{\theta} &= -2 \lim_{\theta \to 0} \frac{\sin^2 \frac{\theta}{2}}{\theta} \\
&= -\frac{1}{2} \left(\lim_{\theta \to 0} \theta \right) \left(\lim_{\theta \to 0} \frac{\sin \frac{\theta}{2}}{\frac{\theta}{2}} \right)^2 \\
&= -\frac{1}{2} \lim_{\theta \to 0} \theta = 0.
\end{aligned} \tag{1.12}$$

これらの性質 (1.9), (1.10), (1.11) と加法定理 (1.4) から以下の関係式が導かれる:

$$\frac{\mathrm{d}\cos\theta}{\mathrm{d}\theta} = -\sin\theta, \quad \frac{\mathrm{d}\sin\theta}{\mathrm{d}\theta} = \cos\theta. \tag{1.13}$$

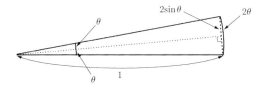

図 **1.2** 半径 1,中心角 2θ の扇形.

実際に

$$\begin{aligned}\frac{\mathrm{d}\cos\theta}{\mathrm{d}\theta} &= \lim_{\Delta\theta\to 0}\frac{\cos(\theta+\Delta\theta)-\cos\theta}{\Delta\theta}\\ &= \cos\theta\underbrace{\lim_{\Delta\theta\to 0}\frac{\cos(\Delta\theta)-1}{\Delta\theta}}_{0}-\sin\theta\underbrace{\lim_{\Delta\theta\to 0}\frac{\sin(\Delta\theta)}{\Delta\theta}}_{1}=-\sin\theta\end{aligned} \quad (1.14)$$

や

$$\begin{aligned}\frac{\mathrm{d}\sin\theta}{\mathrm{d}\theta} &= \lim_{\Delta\theta\to 0}\frac{\sin(\theta+\Delta\theta)-\sin\theta}{\Delta\theta}\\ &= \sin\theta\underbrace{\lim_{\Delta\theta\to 0}\frac{\cos(\Delta\theta)-1}{\Delta\theta}}_{0}+\cos\theta\underbrace{\lim_{\Delta\theta\to 0}\frac{\sin(\Delta\theta)}{\Delta\theta}}_{1}=\cos\theta\end{aligned} \quad (1.15)$$

から式 (1.13) を導くことができる．

極限の性質 (1.9) と微分の関係式 (1.13) を用いることで，三角関数の $\theta=0$ まわりでの Taylor (テイラー) 展開の式

$$\cos\theta = \sum_{n=0}^{\infty}\frac{(-1)^n\theta^{2n}}{(2n)!} = 1 - \frac{\theta^2}{2!} + \frac{\theta^4}{4!} - \cdots \quad (1.16\mathrm{a})$$

$$\sin\theta = \sum_{n=0}^{\infty}\frac{(-1)^n\theta^{2n+1}}{(2n+1)!} = \theta - \frac{\theta^3}{3!} + \frac{\theta^5}{5!} - \cdots \quad (1.16\mathrm{b})$$

が得られる．純虚数の指数関数 (1.6) についても，その定義式と三角関数の微分 (1.13) から

$$\frac{\mathrm{d}\mathrm{e}^{\mathrm{i}\theta}}{\mathrm{d}\theta} = \mathrm{i}\mathrm{e}^{\mathrm{i}\theta} \quad (1.17)$$

がただちに導かれる．これを繰り返し用いて，かつ $\lim_{\theta\to 0}\mathrm{e}^{\mathrm{i}\theta}=1$ を用いると

$$\mathrm{e}^{\mathrm{i}\theta} = \sum_{n=0}^{\infty}\frac{(\mathrm{i}\theta)^n}{n!} = 1 + \mathrm{i}\theta + \frac{(\mathrm{i}\theta)^2}{2!} + \frac{(\mathrm{i}\theta)^3}{3!} + \cdots \quad (1.18)$$

が得られる．式 (1.17) を用いずとも，式 (1.6) と (1.16) から式 (1.18) を導くこともできる．

2 Fourier 級数

　有限区間で定義された関数を三角関数の線形結合で表す Fourier 級数について説明する．三角関数の直交関係を示したのち，Fourier 展開係数と Fourier 級数を定義する．次に対象とする関数として区分的に連続な関数，区分的に滑らかな関数，有界変動関数を定義する．関数とその Fourier 級数の関係を Fourier 級数展開定理や具体例を通してみたあと，不連続点まわりでの Fourier 多項式の振る舞いについて述べる．さらに関数の最小二乗近似という観点から Fourier 級数を捉え直す．

2.1　有限区間における三角関数の直交性

以下の関係式

$$\int_{-\pi}^{\pi} \cos mx \, dx = 0 \quad (m = 1, 2, \cdots) \tag{2.1a}$$

$$\int_{-\pi}^{\pi} \sin mx \, dx = 0 \quad (m = 1, 2, \cdots) \tag{2.1b}$$

$$\int_{-\pi}^{\pi} \cos mx \cos nx \, dx = \pi \delta_{mn} \quad (m, n = 1, 2, \cdots) \tag{2.1c}$$

$$\int_{-\pi}^{\pi} \sin mx \sin nx \, dx = \pi \delta_{mn} \quad (m, n = 1, 2, \cdots) \tag{2.1d}$$

$$\int_{-\pi}^{\pi} \cos mx \sin nx \, dx = 0 \quad (m, n = 1, 2, \cdots) \tag{2.1e}$$

を三角関数の直交性とよぶ．右辺の δ_{mn} は Kronecker（クロネッカー）のデルタとよばれる記号で，整数 m と n が等しいとき 1 で，$m \neq n$ のとき 0 である．式 (2.1a) と式 (2.1b) は積分すればただちに得られる．$m \neq n$ のときの式 (2.1c) と式 (2.1d) と式 (2.1e) は加法定理 (1.4) と式 (2.1a) と式 (2.1b) を用いて導くことができる．$m = n$ のときの式 (2.1c) と式 (2.1d) は倍角の公式

$$\cos^2 nx = \frac{1 + \cos 2nx}{2}, \quad \sin^2 nx = \frac{1 - \cos 2nx}{2} \tag{2.2}$$

と式 (2.1a)，(2.1b) を用いれば導ける．

2.2 Fourier 級数展開

有限区間で定義された関数を三角関数の級数として表すことを Fourier 級数展開という．典型例を示す．

例 2.1
$$x \in [-\pi, \pi], \quad |x| = \frac{\pi}{2} - \frac{4}{\pi}\left(\cos x + \frac{\cos 3x}{3^2} + \frac{\cos 5x}{5^2} + \frac{\cos 7x}{7^2} + \cdots\right) \quad (2.3)$$

◁

例 2.2
$$x \in (-\pi, \pi), \quad x = 2\left(\sin x - \frac{\sin 2x}{2} + \frac{\sin 3x}{3} - \frac{\sin 4x}{4} + \cdots\right) \quad (2.4)$$

◁

式 (2.3) と式 (2.4) の右辺自体は (級数が収束するならば) 任意の x について定義される周期関数であるが，等号が成り立つのは与えられた有限区間においてのみである．ここで周期関数

$$f_1(x) = |x - 2\pi m|, \quad x \in [(2m-1)\pi, (2m+1)\pi], \quad m = 0, \pm 1, \pm 2, \cdots \quad (2.5)$$
$$f_2(x) = x - 2\pi m, \quad x \in [(2m-1)\pi, (2m+1)\pi), \quad m = 0, \pm 1, \pm 2, \cdots \quad (2.6)$$

を導入する (図 2.1 参照)．これらの関数を用いると式 (2.3) と式 (2.4) はそれぞれ

$$x \in (-\infty, \infty),$$
$$f_1(x) = \frac{\pi}{2} - \frac{4}{\pi}\left(\cos x + \frac{\cos 3x}{3^2} + \frac{\cos 5x}{5^2} + \frac{\cos 7x}{7^2} + \cdots\right) \quad (2.7)$$
$$x \in (-\infty, \infty) - \{\pm\pi, \pm 3\pi, \cdots\},$$
$$f_2(x) = 2\left(\sin x - \frac{\sin 2x}{2} + \frac{\sin 3x}{3} - \frac{\sin 4x}{4} + \cdots\right) \quad (2.8)$$

と拡張することができる．有限区間で定義された関数は周期関数 $f(x)$ の一部とみなせるので，「周期関数を，その一周期において周期的なすべての三角関数の級数として表すのが Fourier 級数展開である」ともいえる．

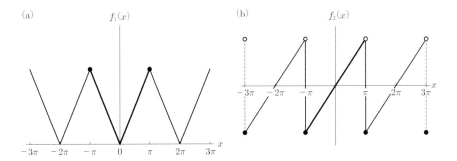

図 2.1　(a) 式 (2.5) と (b) 式 (2.6). 黒丸は不連続点での関数値を表す. 白丸は関数の左極限値であり, 関数値そのものではない.

2.3　Fourier 展開係数

区間 $[-\pi, \pi]$ で積分可能な関数 $f(x)$ が

$$f(x) = \frac{A_0}{2} + A_1 \cos x + B_1 \sin x + A_2 \cos 2x + B_2 \sin 2x + \cdots$$
$$= \frac{A_0}{2} + \sum_{m=1}^{\infty} (A_m \cos mx + B_m \sin mx) \tag{2.9}$$

と表されるとし, 係数 $A_0, A_1, B_1, \cdots$ を決めよう[*1]. $\varphi(x)$ は定数または三角関数 $\cos nx, \sin nx$ $(n = 1, 2, \cdots)$ の定数倍であるとし, それを式 (2.9) の両辺に掛けて積分する. もし関数列の無限和と積分の順序を交換してもよいとすれば[*2],

$$\int_{-\pi}^{\pi} f(x)\varphi(x)\mathrm{d}x$$
$$= \frac{A_0}{2} \int_{-\pi}^{\pi} \varphi(x)\mathrm{d}x + \sum_{m=1}^{\infty} \left(A_m \int_{-\pi}^{\pi} \varphi(x) \cos mx \mathrm{d}x + B_m \int_{-\pi}^{\pi} \varphi(x) \sin mx \mathrm{d}x \right) \tag{2.10}$$

となる.

- $\varphi(x) = 1/\pi$ のとき, 2.1 節の式 (2.1a), (2.1b) を用いると, $m \geq 1$ に対する A_m, B_m を含む項はゼロになるので,

$$A_0 = \frac{1}{\pi} \int_{-\pi}^{\pi} f(x)\mathrm{d}x \tag{2.11}$$

[*1] ここで定数項の因子 1/2 は式 (2.11) が式 (2.12) で $n = 0$ としたものになるようにつけた.
[*2] 項別積分可能性, 定理 2.6 を参照.

が得られる．

- $\varphi(x) = \cos nx/\pi$, $n = 1, 2, \cdots$ のとき，2.1 節の式 (2.1a), (2.1c), (2.1e) を用いると，右辺では A_n にかかる積分だけが残り

$$A_n = \frac{1}{\pi} \int_{-\pi}^{\pi} f(x) \cos nx \, dx \tag{2.12}$$

が得られる．

- $\varphi(x) = \sin nx/\pi$, $n = 1, 2, \cdots$ のときも同様に，2.1 節の式 (2.1b), (2.1d), (2.1e) を用いると，右辺では B_n にかかる積分だけが残り

$$B_n = \frac{1}{\pi} \int_{-\pi}^{\pi} f(x) \sin nx \, dx \tag{2.13}$$

が得られる．

定義 2.1 $x \in [-\pi, \pi]$ において積分可能な関数 $f(x)$ に対して，式 (2.11)–(2.13) によって与えられる A_m ($m = 0, 1, 2, \cdots$) と B_m ($m = 1, 2, \cdots$) を **Fourier 展開係数**という．

定義 2.2 $x \in [-\pi, \pi]$ において積分可能な関数 $f(x)$ に対して，式 (2.11)–(2.13) によって与えられる A_m ($m = 0, 1, 2, \cdots$) と B_m ($m = 1, 2, \cdots$) を用いて得られる多項式

$$S_n(x) \equiv \frac{A_0}{2} + \sum_{m=1}^{n} (A_m \cos mx + B_m \sin mx) \tag{2.14}$$

を **Fourier 多項式**という．また，関数列の級数 $\lim_{n \to \infty} S_n(x) = S_\infty(x)$ を **Fourier 級数**という．

注意 2.1 Fourier 展開係数は $f(x)$ が $x \in [-\pi, \pi]$ において積分可能な関数であれば定義できたが，そのとき式 (2.9) のような関係式が成り立つとは限らないし，Fourier 多項式 $S_n(x)$ が収束するとも限らない[*3]．   ◁

[*3] ある点で Fourier 級数が発散する連続関数の存在が知られている．参考文献 [4] 4 章参照．

2.4 区分的に連続な関数

ここでこの章で対象とする関数を明確にしておく.

定義 2.3 有限区間 I の境界を $x = a, b \, (a < b)$ とする. I 上で定義された関数 $f(x)$ に対して, I の内部に有限個の点

$$a = a_0 < a_1 < \cdots < a_{n-1} < a_n = b \tag{2.15}$$

が存在し, $f(x)$ が開区間 $I_j = (a_{j-1}, a_j)$ で連続であり, $j = 1, 2, \cdots, n$ に対して

$$f(a_{j-1} + 0) = \lim_{x \to a_{j-1} + 0} f(x), \quad f(a_j - 0) = \lim_{x \to a_j - 0} f(x) \tag{2.16}$$

が存在するとき, **関数 $f(x)$ は有限区間 I で区分的に連続**であるという.

例 2.3 図 2.2 に示した関数 $f(x)$ は区間 $[a_0, a_3]$ で区分的に連続である. ◁

定義 2.4 有限でない区間 I で関数 $f(x)$ が区分的に連続であるとは, I に含まれる任意の有限区間で区分的に連続であることを意味する.

定義 2.5 有限区間 I で関数 $f(x)$ が区分的に滑らかであるとは, I において $f(x)$ と $f'(x)$ がともに区分的に連続であることを意味する[*4].

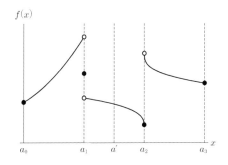

図 2.2 区分的に連続な関数の例. 黒丸は境界や不連続点での関数値を表す. 白丸は関数の左極限値または右極限値であるが, 関数値そのものではない.

[*4] 「滑らか」とは微分可能であり, その導関数が連続であることを意味する.

例 2.4 図 2.2 に示した関数 $f(x)$ は区間 $[a_0, a']$ で区分的に滑らかだが，$\lim_{x \to a_2 - 0} f'(x) = \infty$, $\lim_{x \to a_2 + 0} f'(x) = -\infty$ であるので区間 $[a', a_3]$ では区分的に滑らかではない．
◁

定義 2.6 有限でない区間 I で関数 $f(x)$ が区分的に滑らかであるとは，I に含まれる任意の有限区間で区分的に滑らかであることを意味する．

例 2.5 式 (2.5)，式 (2.6) で表される周期的関数は $x \in (-\infty, \infty)$ で区分的に滑らかである．
◁

応用上重要な関数は，区分的に滑らかな関数であり，以下でもこれを主に扱う．

注意 2.2 有限区間 I で区分的に連続な関数 $f(x)$ は有界である．

I の境界を $x = a, b \ (a < b)$ とし，$a_j \ (j = 1, 2, \cdots, n)$ を定義 2.3 と同様にとる．まず開区間 $I_j = (a_{j-1}, a_j)$ で $f(x)$ が有界であることを示す．任意の正の実数 $\epsilon > 0$ に対して，十分小さい正の実数 δ_j, δ_j' が存在し，$x \in (a_{j-1}, a_{j-1} + \delta_j)$ ならば $|f(x) - f(a_{j-1} + 0)| < \epsilon$ であり，$x \in (a_j - \delta_j', a_j)$ ならば $|f(x) - f(a_j - 0)| < \epsilon$ となる．$x \in (a_{j-1}, a_{j-1} + \delta_{j-1}) \cup (a_j - \delta_j', a_j)$ のとき，$\min[f(a_{j-1} + 0), f(a_j - 0)] - \epsilon < f(x) < \max[f(a_{j-1} + 0), f(a_j - 0)] + \epsilon$ となり，$f(x)$ は有界である．閉区間 $[a_{j-1} + \delta_j, a_j - \delta_j']$ で $f(x)$ は連続であるから最大値と最小値をもつ[*5]．よって $x \in I_j$ で $f(x)$ が有界である．I において $I_1, I_2, \cdots, I_n$ に含まれない有限個の点 $(x = a_j)$ において $f(x)$ は有界であり，$f(x)$ は I 上で有界である．
◁

注意 2.3 有限区間 I で区分的に連続な関数 $f(x)$ は I 上で積分可能である．

有限閉区間上の連続関数は積分可能[*6]であるから，$f(x)$ の不連続点付近の寄与が無視できることを示せばいい．注意 2.2 より I 上で $f(x)$ は有界であるから，ある正の実数 M を用いて，$|f(x)| < M$ となる．不連続点の数を n とすると不連続点を含む幅 δ の区間からの積分の寄与はたかだか $nM\delta$ であり，δ を十分小さくとることによって不連続点付近からの積分への寄与は無視できる．またこのことから

$$\int_I f(x) \mathrm{d}x = \sum_{j=1}^n \int_{a_{j-1}}^{a_j} f(x) \mathrm{d}x \tag{2.17}$$

[*5] 閉区間における連続関数の最大値，最小値の存在については例えば参考文献 [1] 2 章参照．
[*6] 例えば参考文献 [1] 3 章参照．

の右辺を計算する際

$$\int_{a_{j-1}}^{a_j} f(x)\mathrm{d}x = \int_{a_{j-1}+0}^{a_j-0} f(x)\mathrm{d}x \tag{2.18}$$

として計算すればよい． ◁

Fourier 級数展開に関する定理は区分的に滑らかな関数よりも広いクラスの関数で成立する．その関数は次のような性質をもつ．

定義 2.7 有限区間 I で関数 $f(x)$ が有界変動であるとは $I = [a, b]$ を

$$a = x_0 < x_1 < x_2 < \cdots < x_n = b \tag{2.19}$$

と分割したとき，ある正数 V が存在し，任意の分割について

$$\sum_{j=1}^{n} \left| f(x_j) - f(x_{j-1}) \right| < V \tag{2.20}$$

となることを意味する．

この定義から有界変動関数をイメージすることは難しい．以下いくつかの例を挙げる．

例 2.6 I で単調で有界な関数 ($|f(x)| < M$) が有界変動であることは

$$\sum_{j=1}^{n} \left| f(x_j) - f(x_{j-1}) \right| = |f(b) - f(a)| < |f(b)| + |f(a)| < 2M \tag{2.21}$$

となることからわかる． ◁

例 2.7

有限区間 I を有限個の部分区間に分割したとき，各部分区間で単調な関数 (区分的に単調である関数) は有界変動関数である．例えば

$$x \in [-\pi, \pi], \quad f(x) = |x|^{\frac{1}{2}} \tag{2.22}$$

は区分的に滑らかではないが，有界変動関数である．図 2.2 に示した関数 $f(x)$ は区間 $[a_0, a_3]$ で有界変動関数である． ◁

例 2.8 有限区間 I で区分的に滑らかな関数 $f(x)$ は有界変動関数である．
これは $f(x)$ が滑らかな部分区間で平均値の定理[*7]を用いれば示せる． ◁

[*7] 例えば参考文献 [1] 2 章参照．

2.5 Fourier 級数展開定理

定理 2.1 (Fourier 級数展開定理) 周期 2π の区分的に滑らかな周期関数 $f(x)$ とその Fourier 級数 $S_\infty(x)$ には以下の関係式が成立する：

$$\frac{f(x-0)+f(x+0)}{2} = S_\infty(x). \tag{2.23}$$

ただし $\epsilon > 0$ として $f(x-0) = \lim_{\epsilon \to 0} f(x-\epsilon)$ は左極限，$f(x+0) = \lim_{\epsilon \to 0} f(x+\epsilon)$ は右極限を表す．

証明については 2.7 節を参照．

この定理 2.1 より，周期 2π の滑らかな周期関数 $f(x)$ とその Fourier 級数は等しいことがわかる．式 (2.5) の $f_1(x)$ は区分的に滑らかであり，かつ不連続点がないから式 (2.7) の等式は任意の x について成立する．式 (2.6) の $f_2(x)$ は区分的に滑らかであり，$x = \pm\pi, \pm 3\pi, \cdots$ に不連続点をもつから式 (2.8) の等式は $x \neq \pm\pi, \pm 3\pi, \cdots$ についてのみ成立する．

注意 2.4 この定理から Fourier 級数はもとの関数の不連続点における値によらないことがわかる．図 2.3(a), (b) に対する $S_\infty(x)$ はいずれも (c) で与えられる． ◁

定理 2.2 (有限区間で定義された関数に対する Fourier 級数展開定理) $x \in [-\pi, \pi]$ で定義された区分的に滑らかな関数 $f(x)$ とその Fourier 級数 $S_\infty(x)$ には以下の関係式が成立する：

$$\lim_{n \to \infty} S_n(x) = \begin{cases} \dfrac{f(x-0)+f(x+0)}{2} & (x \in (-\pi, \pi)) \\ \dfrac{f(\pi-0)+f(-\pi+0)}{2} & (x = \pm\pi) \end{cases} \tag{2.24}$$

注意 2.5 $x \in [-\pi, \pi]$ で定義された区分的に滑らかな関数 $f(x)$ の Fourier 級数は，

- $\tilde{f}(x) = f(x), \quad x \in (-\pi, \pi)$
- $\tilde{f}(x+2\pi) = \tilde{f}(x), \quad x \in (-\infty, \infty)$

を満たす周期関数 $\tilde{f}(x)$ の Fourier 級数と一致する．このことは $\tilde{f}(\pi)$ や $\tilde{f}(-\pi)$ の値にかかわらず成り立つ (注意 2.4 を参照)． ◁

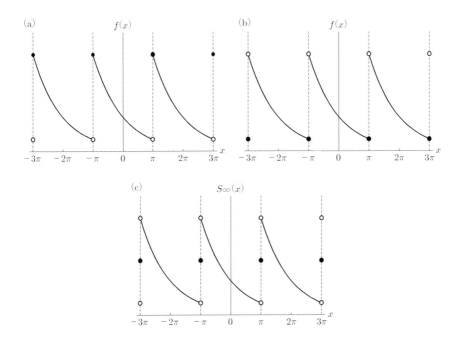

図 2.3　(a), (b) 不連続点をもつ周期関数 $f(x)$ と (c) その Fourier 級数 $S_\infty(x)$ (下図) の比較．黒丸は不連続点での関数値を表す．白丸は関数の左極限値または右極限値であるが，関数値そのものではない．

注意 2.6 定理 2.1, 2.2 は，$[-\pi,\pi]$ で $f(x)$ が有界変動である場合に成立する (**Dirichlet-Jordan** (ディリクレ・ジョルダン) **の定理**)[*8]．例えば，例 2.7 に挙げた関数とその Fourier 級数は一致する．一方 $[-\pi,\pi]$ で $f(x)$ が連続であるだけでは有界変動とは限らないので，上記の定理は必ずしも成立しない[*9]．　◁

2.6　いくつかの例

Fourier 級数展開の典型例は，関数が $(-\pi,\pi)$ で低次の多項式で与えられる場合である．この場合は Fourier 展開係数の計算も初等的に実行できる．

[*8]　証明は参考文献 [1] 6 章，[4] 4 章参照．
[*9]　参考文献 [4] 4 章参照．

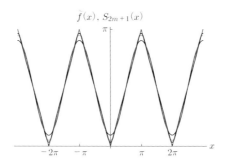

図 **2.4** 式 (2.25) を周期関数として拡張した $\tilde{f}(x)$ と Fourier 多項式 (2.26) $S_{2m+1}(x)$ ($m = 1, 2, 3$) の比較.

例 2.9

$$f(x) = |x| \quad (x \in (-\pi, \pi)) \tag{2.25}$$

の Fourier 多項式は

$$S_{2m+1}(x) = S_{2m+2}(x) = \frac{\pi}{2} - \frac{4}{\pi} \sum_{l=0}^{m} \frac{\cos(2l+1)x}{(2l+1)^2} \tag{2.26}$$

で与えられる．$f(x)$ が偶関数なので Fourier 展開係数 B_n ($n = 1, 2, \cdots$) はゼロである．A_0 は $f(x)$ を積分して得られる．A_n ($n = 1, 2, \cdots$) は部分積分を用いて

$$\begin{aligned}
A_n &= \frac{2}{\pi} \int_0^\pi x \cos nx \mathrm{d}x \\
&= \frac{2}{\pi} \underbrace{\left[\frac{x \sin nx}{n}\right]_0^\pi}_{0} - \frac{2}{\pi n} \int_0^\pi \sin nx \mathrm{d}x = \frac{2((-1)^n - 1)}{\pi n^2}
\end{aligned} \tag{2.27}$$

となる．式 (2.25) を周期関数として拡張した $\tilde{f}(x)$ と式 (2.26) を比較したのが図 2.4 である． ◁

例 2.10

$$f(x) = x \quad (x \in (-\pi, \pi)) \tag{2.28}$$

の Fourier 多項式は

$$S_n(x) = \sum_{m=1}^n \frac{2}{m} (-1)^{m+1} \sin mx \tag{2.29}$$

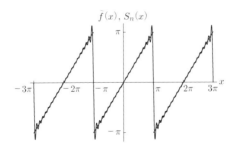

図 **2.5** 式 (2.28) を周期関数として拡張した $\tilde{f}(x)$ と Fourier 多項式 (2.29) $S_n(x)$ ($n = 20$) の比較.

で与えられる．式 (2.29) が式 (2.28) の Fourier 級数であることは以下のようにして導かれる．$f(x)$ が奇関数なので A_m ($m = 0, 1, 2, \cdots$) はゼロである．B_m は部分積分を用いて

$$B_m = \frac{2}{\pi} \int_0^\pi x \sin mx \, dx$$
$$= \frac{2}{\pi} \left[\frac{-x \cos mx}{m} \right]_0^\pi + \frac{2}{\pi m} \int_0^\pi \cos mx \, dx = \frac{2(-1)^{m+1}}{m} \quad (2.30)$$

となる．式 (2.28) を周期関数として拡張した $\tilde{f}(x)$ と式 (2.29) を比較したのが図 2.5 である． ◁

例 **2.11**

$$f(x) = (\pi - |x|)x \quad (x \in (-\pi, \pi)) \quad (2.31)$$

の Fourier 多項式は

$$S_{2m+1}(x) = \frac{8}{\pi} \sum_{l=0}^m \frac{\sin(2l+1)x}{(2l+1)^3} \quad (2.32)$$

で与えられる．Fourier 展開係数 A_n ($n = 0, 1, 2, \cdots$) は $f(x)$ が奇関数なのでゼロである．B_n ($n = 1, 2, \cdots$) は部分積分を用いて，被積分関数 (x の多項式と三角関数の積) の多項式部分の次数を小さくしていくと導くことができる．式 (2.31) と (2.32) を比較したのが図 2.6 である． ◁

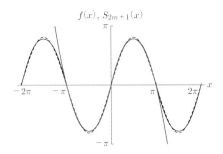

図 **2.6** 太い実線は $S_1(x)$,破線は $S_3(x)$ を表す.細い実線は式 (2.31) の $f(x)$ を定義域を $x \in [-\pi, \pi]$ の外までに拡張して描いたものである.$x \in [-\pi, \pi]$ では式 (2.31) と $S_3(x)$ はこの図のスケールではほとんど区別がつかない.

2.7 Fourier 級数展開定理の証明

この節では Fourier 級数展開定理 2.1 の証明を与える.

定理 2.3 (Riemann-Lebesgue (リーマン・ルベーグ)) 有限区間 $x \in [a, b]$ において区分的に滑らかな関数 $f(x)$ に対して

$$\lim_{\lambda \to \infty} \int_a^b f(x) \cos \lambda x \, dx = 0, \quad \lim_{\lambda \to \infty} \int_a^b f(x) \sin \lambda x \, dx = 0 \qquad (2.33)$$

が成り立つ.

(証明) I の境界を $x = a, b \ (a < b)$ とし,$j = 0, 1, \cdots, n$ に対する a_j を定義 2.3 と同様 $a = a_0 < a_1 < \cdots < a_{a-1} < a_n = b$ にとり,

$$\lim_{\lambda \to \infty} \int_{a_{j-1}}^{a_j} f(x) \cos \lambda x \, dx = 0, \quad \lim_{\lambda \to \infty} \int_{a_{j-1}}^{a_j} f(x) \sin \lambda x \, dx = 0 \qquad (2.34)$$

を示せばよい.部分積分を用いて

$$\int_{a_{j-1}}^{a_j} f(x) \cos \lambda x \, dx = \frac{1}{\lambda} \left[f(x) \sin \lambda x \right]_{a_{j-1}}^{a_j} - \frac{1}{\lambda} \int_{a_{j-1}}^{a_j} f'(x) \sin \lambda x \, dx \qquad (2.35)$$

である.$f(x)$ と $f'(x)$ は I 上で有界であるから,ある正数 M, M' を用いて $x \in I$, $|f(x)| \leq M$, $|f'(x)| \leq M'$ が成り立ち,

$$\left| \int_{a_{j-1}}^{a_j} f(x) \cos \lambda x \, dx \right| \leq \frac{2M + (a_j - a_{j-1})M'}{\lambda} \qquad (2.36)$$

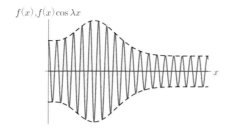

図 2.7 $f(x)$(破線) と $f(x)\cos\lambda x$(実線) のグラフ．斜線をつけた部分の積分は λ が大きいとき互いにほぼ打ち消し合う．

となる．これより

$$\left|\int_a^b f(x)\cos\lambda x\mathrm{d}x\right| \le \sum_{j=1}^n \left|\int_{a_{j-1}}^{a_j} f(x)\cos\lambda x\mathrm{d}x\right| \le \frac{2nM+(b-a)M'}{\lambda} \qquad (2.37)$$

となる． ∎

この定理は，被積分関数が激しく振動する場合には，その積分は著しく小さくなることを表している (図 2.7 参照)．

また，この定理から，$x\in[-\pi,\pi]$ で区分的に滑らかな関数 $f(x)$ の Fourier 展開係数 A_m, B_m は $m\to\infty$ で 0 に収束することがただちに導かれる．

定義 2.8 (Dirichlet (ディリクレ) 核) ここで次の周期関数 (Dirichlet 核) を導入する：

$$D_n(x) = \frac{1}{2} + \cos x + \cos 2x + \cdots + \cos nx. \qquad (2.38)$$

関数 $D_n(x)$ は $n\to\infty$ の極限でデルタ関数[*10]を周期 2π の周期関数に拡張したものという意味をもつ．以下その性質をみておこう．

関数 $D_n(x)$ は周期が 2π の偶関数である．以下 $x\in[-\pi,\pi]$ とする．式 (2.38) より $D_n(0) = n+\frac{1}{2}$ であり，$x\ne 0$ のときは $\cos mx = (\mathrm{e}^{\mathrm{i}mx}+\mathrm{e}^{-\mathrm{i}mx})/2$ を用いて $D_n(x)$ を等比級数 (公比 $\mathrm{e}^{\mathrm{i}x}$) の和の形に書くと

$$D_n(x) = \frac{1}{2}\sum_{m=-n}^{n}\mathrm{e}^{\mathrm{i}mx} = \frac{\sin\left(n+\frac{1}{2}\right)x}{2\sin\frac{x}{2}} \qquad (2.39)$$

[*10] 4.5 節参照．

となる．$\lim_{x\to 0}\frac{\sin x}{x}=1$ を用いると，式 (2.39) から，$\lim_{x\to 0}D_n(x)=n+\frac{1}{2}=D_n(0)$ が得られ，$x=0$ で $D_n(x)$ が連続であることがわかる．式 (2.39) の最右辺から，$x\in[0,\pi]$ における $D_n(x)$ の零点は $x=\frac{2m\pi}{2n+1}$ ($m=1,2,\cdots,n$) であることがわかる．

この関数の概形を描くと図 2.8 のようになっている．n が十分大きいとき零点は密に分布し，$D_n(x)$ は激しく振動する．また n が大きくなるとともに $x=0$ における値は増大する．一方，式 (2.38) から，その $x\in[0,\pi]$ における積分値は

$$\int_0^\pi D_n(x)\mathrm{d}x=\frac{\pi}{2} \tag{2.40}$$

で与えられ，n によらず一定である．図 2.8 にみられる振る舞いと考え合わせると n が十分大きいとき，式 (2.40) への積分の寄与は $x=0$ 近傍に集中していると考えられる．実際，次の関係式が成り立つ．

定理 2.4 $\delta\in(0,\pi)$ に対して

$$\lim_{n\to\infty}\int_0^\delta D_n(x)\mathrm{d}x=\frac{\pi}{2} \tag{2.41}$$

が成り立つ．

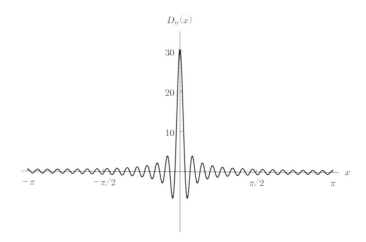

図 **2.8** $n=30$ のときの式 (2.39)．

(証明) 式 (2.40) の積分領域を $[0,\delta]$ と $[\delta,\pi]$ に分ける．$1/\sin(x/2)$ は $[\delta,\pi]$ は滑らかであるから，Riemann-Lebesgue の定理 2.3 より

$$\lim_{n\to\infty}\int_\delta^\pi D_n(x)\mathrm{d}x = \lim_{n\to\infty}\int_\delta^\pi \frac{\sin\left(n+\frac{1}{2}\right)x}{2\sin\frac{x}{2}}\mathrm{d}x = 0 \tag{2.42}$$

よって

$$\lim_{n\to\infty}\int_0^\pi D_n(x)\mathrm{d}x = \lim_{n\to\infty}\int_0^\delta D_n(x)\mathrm{d}x \tag{2.43}$$

これと式 (2.40) より式 (2.41) が得られる． ∎

$D_n(x)$ と区分的に滑らかな関数 $f(x)$ の積の積分についても同様に，以下の定理が成り立つ．

定理 2.5 (周期的デルタ関数) $f(x)$ が周期 2π の周期関数であり，区分的に滑らかであるとき

$$\lim_{n\to\infty}\int_{-\pi}^\pi f(\xi)D_n(x-\xi)\mathrm{d}\xi = \frac{\pi}{2}\{f(x-0)+f(x+0)\} \tag{2.44}$$

が成り立つ．

(証明[*11]) $f(x)$ と $D_n(x)$ は周期 2π の周期関数であり，$D_n(x)$ は偶関数であることを用いると式 (2.44) の左辺は

$$\lim_{n\to\infty}\int_{-\pi}^\pi f(x+\xi)D_n(\xi)\mathrm{d}\xi \tag{2.45}$$

となる．δ を十分小さい正の実数として，積分区間を $[-\pi,-\delta],[-\delta,0],[0,\delta],[\delta,\pi]$ と分ける．その際，$y\in(x-\delta,x)\cup(x,x+\delta)$ において $f(y)$ と $f'(y)$ が連続となるように δ をとる．$f(x+\xi)/\sin(\xi/2)$ は $\xi\in[-\pi,-\delta]$，$\xi\in[\delta,\pi]$ で区分的に滑らかであるため，これらの区間からの寄与は $n\to\infty$ でゼロとなる (Riemann-Lebesgue の定理 2.3)．残りの区間のうち，$[0,\delta]$ からの寄与を

$$\int_0^\delta f(x+\xi)D_n(\xi)\mathrm{d}\xi = f(x+0)\int_0^\delta D_n(\xi)\mathrm{d}\xi + \int_0^\delta F(\xi;x)\sin\left[\left(n+\frac{1}{2}\right)\xi\right]\mathrm{d}\xi$$
$$F(\xi;x) = \frac{f(x+\xi)-f(x+0)}{2\sin\frac{\xi}{2}} \tag{2.46}$$

[*11] 参考文献 [6] II. §6 参照．

と書き直す．$F(\xi;x)$ は $\xi \in (0,\delta]$ で滑らかであり，$F(\xi \to +0;x) = f'(x+0)$ より $\xi = 0$ での左極限が存在する．この値を $F(\xi=0;x)$ とすれば $F(\xi;x)$ は $\xi \in [0,\delta]$ で連続であり，$\xi \in (0,\delta)$ で微分可能である．平均値の定理を用いると，ある $\xi_c, \xi'_c \in (0,\xi)$ が存在し，

$$f(x+\xi) - f(x+0) = f'(x+\xi_c)\xi, \quad 2\sin\frac{\xi}{2} = \xi\cos\frac{\xi'_c}{2} \tag{2.47}$$

が成り立ち，

$$F(\xi;x) = \frac{f'(\xi_c+x)}{\cos\frac{\xi'_c}{2}} \tag{2.48}$$

と表せる．$f'(y)$ は区分的に連続な周期関数であるので注意 2.2 より有界である．δ は十分小さくとるので (例えば $\delta < \pi/2$ として)，$\cos\frac{\xi'_c}{2} > \cos\frac{\delta}{2} > \frac{1}{\sqrt{2}}$ としてよい．よって，x によらないある正の実数 M に対して

$$\xi \in (0,\delta), \quad |F(\xi;x)| < M \tag{2.49}$$

が成り立ち，

$$\left|\int_0^\delta F(\xi)\sin\left[\left(n+\frac{1}{2}\right)\xi\right]\mathrm{d}\xi\right| < \delta M \tag{2.50}$$

と抑えることができる．右辺は n によらず，また δ は任意に小さくすることができるため

$$\lim_{\delta \to +0}\lim_{n \to \infty}\int_0^\delta f(x+\xi)D_n(\xi)\mathrm{d}\xi = \frac{\pi f(x+0)}{2} \tag{2.51}$$

となる．同様に

$$\lim_{\delta \to +0}\lim_{n \to \infty}\int_{-\delta}^0 f(x+\xi)D_n(\xi)\mathrm{d}\xi = \frac{\pi f(x-0)}{2} \tag{2.52}$$

となる．これらより式 (2.44) が得られる． ∎

(**Fourier 級数展開定理 2.1 の証明**) $D_n(x)$ の定義式 (2.38) と加法定理 (1.4)，および Fourier 展開係数の定義式 (2.11)–(2.13) を用いると，式 (2.14) の $S_n(x)$ について

$$S_n(x) = \frac{1}{\pi}\int_{-\pi}^{\pi} f(\xi)D_n(x-\xi)\mathrm{d}\xi \tag{2.53}$$

が成り立つことがわかる．$n \to \infty$ における両辺の極限をとり，式 (2.44) を用いると

$$\lim_{n \to \infty} S_n(x) = \frac{f(x-0) + f(x+0)}{2} \qquad (2.54)$$

が得られる． ∎

2.8 一様収束

これまで，区分的に滑らかな関数 $f(x)$ が x において連続なとき，Fourier 級数 $S_\infty(x)$ が $f(x)$ に収束することをみてきた．以下に述べる関数列の一様収束性は計算の実際上，重要な性質である．

定義 2.9 関数列 $F_n(x)$ がある区間 I で関数 $F(x)$ に一様収束するとは，任意の正の実数 ϵ に対して，正の整数 N が定まり，$n > N$ であれば I 内のどの x においても $|F_n(x) - F(x)| < \epsilon$ が成り立つことを意味する (模式図 2.9 を参照のこと)．

定義 2.10 (関数項の級数の一様収束) 関数列 $F_n(x)$ に対して関数列

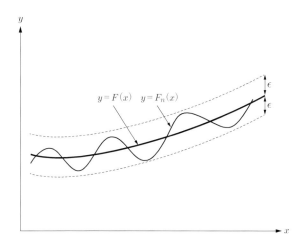

図 **2.9** 関数列 $F_n(x)$ の一様収束性を表す模式図．

$$G_n(x) = \sum_{m=1}^{n} F_m(x), \quad n = 1, 2, \cdots \tag{2.55}$$

を定める．関数列 $G_n(x)$ が区間 I で関数 $G(x)$ に一様収束するとき，関数項の級数

$$\sum_{m=1}^{\infty} F_m(x) \tag{2.56}$$

は区間 I で $G(x)$ に一様収束するという．

注意 2.7　単に「関数列 $F_n(x)$ が $F(x)$ に収束する」という場合，I の各点 x において，任意の正の定数 ϵ が与えられたとき，ある自然数 $N(x)$ が定まり，$n > N(x)$ のとき，$|F_n(x) - F(x)| < \epsilon$ が成り立つことを意味する．この場合，一般には x ごとに関数列の収束の速さは異なり得るので，N が x によることを強調して $N(x)$ と書いた．これに対して，区間 I のどの x でも収束の速さが同程度で $N(x)$ が x によらないのが一様収束である．　　　　　　　　　　　　　　　　　　　◁

定理 2.6 (項別積分可能)[*12]　区間 $I = [a, b]$ で級数の各項 $F_n(x)$ が連続であり，関数項の級数 (2.55) が一様収束する場合には，級数和と積分の順序を交換しても結果が変わらない (項別積分可能)．よって

$$\int_a^b \left(\sum_{m=1}^{\infty} F_m(x) \right) dx = \sum_{m=1}^{\infty} \int_a^b F_m(x) dx \tag{2.57}$$

が成り立つ．すなわち級数 $G(x)$ の積分を行う際に，各項 $F_n(x)$ ごとに (項別に) 積分した後，級数和をとっても結果は同じである．

定理 2.7 (項別微分可能)[*13]　区間 I で関数項の級数 (2.55) が収束し，各項 $F_n(x)$ が滑らかであり，かつ $\sum_{m=1}^{\infty} \frac{dF_m(x)}{dx}$ が一様収束するとき，

$$\frac{d}{dx} \left(\sum_{m=1}^{\infty} F_m(x) \right) = \sum_{m=1}^{\infty} \frac{dF_m(x)}{dx} \tag{2.58}$$

が成り立つ．級数和と微分の順序を交換しても結果が変わらない (項別微分可能)．

[*12]　証明は参考文献 [1] 4 章参照．
[*13]　証明は参考文献 [1] 4 章参照．

定理 2.8 (Fourier 級数の一様収束性)[*14] 周期 2π をもつ区分的に滑らかな周期関数 $f(x)$ の Fourier 級数 $S_\infty(x)$ は，関数の不連続点を含まない閉区間において $f(x)$ に一様収束する．

2.9 不連続点での振る舞い

この節では，Fourier 級数が区分的に滑らかな周期関数の不連続点まわりでどのような振る舞いをするかを調べる．まずは典型的な具体例をみていく．区分的に滑らかな関数

$$f(x) = \begin{cases} 1 & (x \in (0, \pi)) \\ -1 & (x \in (-\pi, 0)) \end{cases} \tag{2.59}$$

の Fourier 多項式は

$$S_{2m+1}(x) = \frac{4}{\pi} \sum_{l=0}^{m} \frac{\sin(2l+1)x}{2l+1} \tag{2.60}$$

で与えられる．まず式 (2.59) が奇関数であるから $A_m = 0 \ (m = 0, 1, 2, \cdots)$ となり，B_m の定義式 (2.13) における被積分関数は偶関数になるので，

$$B_m = \frac{2}{\pi} \int_0^\pi \sin mx \, dx = \frac{2}{\pi} \left[\frac{-\cos mx}{m} \right]_0^\pi = \begin{cases} \dfrac{4}{\pi m} & (m \text{ が奇数}) \\ 0 & (m \text{ が偶数}) \end{cases} \tag{2.61}$$

となる．式 (2.59) と式 (2.60) を比較したのが図 2.10 である．図から $x = 0$ および $\pm\pi$ 付近で，$S_{2m+1}(x)$ が大きく振動していることがわかる．振動の極大，極小を調べるために，式 (2.60) を微分する：

$$\begin{aligned} \frac{dS_{2m+1}(x)}{dx} &= \frac{4}{\pi} \sum_{l=0}^{m} \cos(2l+1)x \\ &= \frac{2}{\pi} \sum_{l=0}^{m} \left(e^{i(2l+1)x} + e^{-i(2l+1)x} \right) \\ &= \frac{2}{\pi} \frac{\sin 2(m+1)x}{\sin x}. \end{aligned} \tag{2.62}$$

[*14] 証明は参考文献 [6] II 参照．

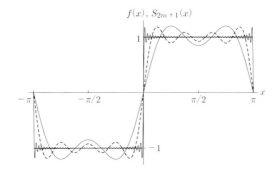

図 2.10 式 (2.59) と Fourier 多項式 (2.60) $S_{2m+1}(x)$ ($m=1,3,40$) の比較.

$x>0$ における右辺の零点の $x = x_{2m+1}^{(n)} = \frac{n\pi}{2(m+1)}$ ($n=1,2,\cdots,2m+1$) は $S_{2m+1}(x)$ の極値

$$
\begin{aligned}
G_{2m+1}^{(n)} \equiv S_{2m+1}(x_{2m+1}^{(n)}) &= \frac{2}{\pi}\int_0^{x_{2m+1}^{(n)}} \frac{\sin 2(m+1)x}{\sin x}\mathrm{d}x \\
&= \frac{2}{\pi}\int_0^{n\pi} \frac{\sin\xi}{\sin\frac{\xi}{2(m+1)}}\frac{\mathrm{d}\xi}{2(m+1)} \\
&= \frac{2}{\pi}\int_0^{n\pi} \frac{\frac{\xi}{2(m+1)}}{\sin\frac{\xi}{2(m+1)}}\frac{\sin\xi}{\xi}\mathrm{d}\xi \quad (2.63)
\end{aligned}
$$

を与える. n が奇数のときは極大に対応し,

$$G_{2m+1}^{(1)} > G_{2m+1}^{(3)} > \cdots > G_{2m+1}^{([m+1/2])} \quad (2.64)$$

となり, n が偶数のとき極小に対応し,

$$G_{2m+1}^{(2)} < G_{2m+1}^{(4)} < \cdots < G_{2m+1}^{([(m+1)/2])} \quad (2.65)$$

となる (ここで記号 $[\cdots]$ は $\cdots$ を超えない整数の最大値を表す). また, n を固定したときの極値は

$$n \text{ が奇数のとき} \quad G_n^{(n)} > G_{n+2}^{(n)} > G_{n+4}^{(n)} > \cdots \quad (2.66)$$

$$n \text{ が偶数のとき} \quad G_{n+1}^{(n)} > G_{n+3}^{(n)} > G_{n+5}^{(n)} > \cdots \quad (2.67)$$

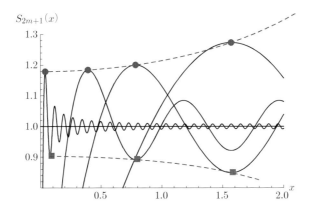

図 2.11 Fourier 多項式 (2.60) $S_{2m+1}(x)$ ($m = 0, 1, 3, 40$) の極値の振る舞い. 黒い円は極大を与える点 $(x_{2m+1}^{(1)}, G_{2m+1}^{(1)})$ を表し，黒い正方形は極小を与える点 $(x_{2m+1}^{(2)}, G_{2m+1}^{(2)})$ を表す.

となり，極大値 (極小値) は Fourier 多項式の項数について単調に減少 (増加) する．項数が無限大の極限では，$m \to \infty$ の極限で $\frac{\xi/(2(m+1))}{\sin(\xi/(2(m+1)))} \to 1$ となるので，式 (2.63) より

$$G_n \equiv \lim_{m \to \infty} G_{2m+1}^{(n)} = \frac{2}{\pi} \int_0^{n\pi} \frac{\sin \xi}{\xi} d\xi \tag{2.68}$$

となる．$x > 0$ にある極値のうち，$x = 0$ に近いものをみていくと

- $x = 0$ に 1 番近い極大値は $G_1 = \frac{2}{\pi} \int_0^{\pi} \frac{\sin \xi}{\xi} d\xi = 1.17898 \cdots$

- $x = 0$ に 1 番近い極小値は $G_2 = \frac{2}{\pi} \int_0^{2\pi} \frac{\sin \xi}{\xi} d\xi = 0.902823 \cdots$

- $x = 0$ に 2 番目に近い極大値は $G_3 = \frac{2}{\pi} \int_0^{3\pi} \frac{\sin \xi}{\xi} d\xi = 1.06619 \cdots$

- $x = 0$ に 2 番目に近い極小値は $G_4 = \frac{2}{\pi} \int_0^{4\pi} \frac{\sin \xi}{\xi} d\xi = 0.949939 \cdots$

へ近づいていくことがわかる．このような Fourier 級数の振動現象は，上の例に限らず，区分的に滑らかな関数の不連続点付近で一般にみられる現象である．例えば例 2.10 で扱った Fourier 多項式は図 2.5 の $x = \pm\pi, \pm3\pi$ 付近で振動している様子がみられる．このような振動現象は **Gibbs** (ギブス) **現象**とよばれる．

区分的に滑らかな周期関数 $f(x)$ が $x=a$ で不連続であるとき，$f(x)$ の Fourier 多項式 $S_n(x)$ が区間 $x \in I_a = [a-\delta, a+\delta]$ において示す Gibbs 現象を考える．ただし δ は十分小さい正数であるとし，I_a 内には $x=a$ 以外の不連続点はないものとする．式 (2.59) を $\tilde{f}(x)$，その Fourier 多項式を $\tilde{S}_n(x)$ とする (n が偶数のときゼロであり，奇数のとき式 (2.60) で与えられる)．$h = \frac{f(a+0) - f(a-0)}{2}$ として，区分的に滑らかな周期関数 $F(x)$ を

$$F(x) = \begin{cases} f(x) - h\tilde{f}(x-a), & x \in I_a/\{a\} \\ f(a+0) - h, & x = a \end{cases} \tag{2.69}$$

によって定義すると $F(a-0) = F(a+0) = F(a)$ となるから，$F(x)$ は I_a 上で不連続点をもたない．よってその Fourier 多項式 $S_n(x) - h\tilde{S}_n(x-a)$ は定理 2.8 より，I_a 上では $F(x)$ に一様収束する．すなわち，任意の正数 ϵ に対して n を十分大きくとれば I_a 上で

$$\left| S_n(x) - h\tilde{S}_n(x-a) - F(x) \right| < \frac{\epsilon}{2} \tag{2.70}$$

が成り立つ．また $F(x)$ は $x=a$ で連続であるから，δ を十分小さくとれば

$$\left| F(x) - F(a) \right| < \frac{\epsilon}{2} \tag{2.71}$$

が成り立つ．これらの不等式と三角不等式を用いて

$$\left| S_n(x) - h\tilde{S}_n(x-a) - F(a) \right| < \left| S_n(x) - h\tilde{S}_n(x-a) - F(x) \right| + \left| F(x) - F(a) \right| < \epsilon \tag{2.72}$$

が得られる．式 (2.72) の意味するところを大雑把にいえば，n が十分大きいとき，$x=a$ のごく近くでの $S_n(x)$ の振る舞いが

$$S_n(x) \sim F(a) + h\tilde{S}_n(x-a) = \frac{f(a+0) + f(a-0)}{2} + \frac{f(a+0) - f(a-0)}{2}\tilde{S}_n(x-a) \tag{2.73}$$

で表されるということである．

注意 2.8 一見すると，ここでの結果と定理 2.8 とは矛盾するような気がするかもしれない．実際には m を大きくしていくと，高い極大点や低い極小点の x 座標はどんどん a に近づいていき，振動が顕著な区間の幅が十分小さくなるため，両者は矛盾せず成り立っている．式 (2.59) と式 (2.60) の例において，区間 $x \in I = [0.1, 0.5]$ での一様収束性をみよう (図 2.12 参照)．$\epsilon = 0.3$ とすると，$\left| S_{61}(x) - f(x) \right| =$

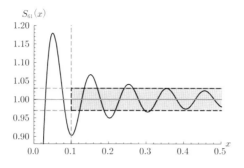

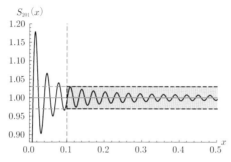

図 **2.12** 不連続点を含まない区間での Fourier 級数の一様収束性と Gibbs 現象の両立を表す図.

$|S_{61}(x) - 1|$ は I のところどころで ϵ を越えるが, $x \in I$ のとき, $|S_{201}(x) - 1| < \epsilon$ となる. m が大きくなるにつれ高い山や谷が I の外に掃き出されることで I における $S_{2m+1}(x)$ の $f(x) = 1$ への一様収束性が成り立っている. ◁

この節の結果から, 以下のことが導かれる.

定理 2.9 (区分的に滑らかな Fourier 多項式の有界性)[*15] 区分的に滑らかな周期関数 $f(x)$ の Fourier 多項式 $S_n(x)$ が $[-\pi, \pi]$ において有界であり, n によらない正数 M が存在して

$$x \in [-\pi, \pi], \quad |S_n(x)| \leq M \tag{2.74}$$

となる.

[*15] この定理は Fourier 多項式の平均収束を証明する際に用いる.

(証明) $\tilde{S}_n(x)$ について上の命題が成り立つことは，この節の前半の考察から

$$\left|\tilde{S}_n(x)\right| < G_1^{(1)}, \quad x \in [-\pi, \pi] \tag{2.75}$$

となることより導かれる．定理 2.8 より，不連続点を含まない有限区間で $S_n(x)$ は $f(x)$ に一様収束する．注意 2.2 より，区分的に滑らかな周期関数 $f(x)$ は有界であるから，不連続点を含まない有限区間で $S_n(x)$ は有界である．$f(x)$ の不連続点 a を含む有限区間 $I_a = [a - \delta, a + \delta]$ の幅を十分小さくとると式 (2.70) が成り立つ．注意 2.2 より，$F(x)$ は有界であり，式 (2.75) より $\tilde{S}_n(x)$ も有界であるから $S_n(x)$ は I_a で有界である．よって $S_n(x)$ は $[-\pi, \pi]$ で有界である． ∎

2.10 平 均 収 束

この節ではこれまでとは異なる観点から Fourier 級数の意味を考える．
区間 $[-\pi, \pi]$ で定義された積分可能な関数 $f(x)$ に対して，三角多項式

$$T_n(x) = \frac{a_0}{2} + \sum_{m=1}^{n} (a_m \cos mx + b_m \sin mx) \tag{2.76}$$

を用意し，平均二乗誤差

$$\mathcal{E}_n \equiv \frac{1}{2\pi} \int_{-\pi}^{\pi} \{f(x) - T_n(x)\}^2 dx \tag{2.77}$$

が最小になるように a_m $(m = 0, 1, \cdots, n)$ と b_m $(m = 1, 2, \cdots, n)$ を決めることを考えよう．

定理 2.10 (最小二乗近似) 平均二乗誤差 (2.77) は a_m $(m = 0, 1, \cdots, n)$ と b_m $(m = 1, 2, \cdots, n)$ が Fourier 展開係数であるとき最小になる．

(証明) 平均二乗誤差 (2.77) は

$$\mathcal{E}_n = \frac{1}{2\pi} \int_{-\pi}^{\pi} f(x)^2 dx - \frac{1}{\pi} \int_{-\pi}^{\pi} f(x) T_n(x) dx + \frac{1}{2\pi} \int_{-\pi}^{\pi} T_n(x)^2 dx \tag{2.78}$$

と書き直せる．右辺第 1 項は a_m, b_m を含まない．右辺第 2 項は Fourier 展開係数 (2.11)–(2.13) と三角関数の直交性 (2.1) を用いて

$$\frac{1}{\pi} \int_{-\pi}^{\pi} f(x) T_n(x) dx = \frac{A_0 a_0}{2} + \sum_{m=1}^{n} (A_m a_m + B_m b_m) \tag{2.79}$$

となる．式 (2.78) の右辺第 3 項は三角関数の直交性 (2.1) を用いて

$$\frac{1}{2\pi}\int_{-\pi}^{\pi}T_n(x)^2 \mathrm{d}x = \frac{a_0^2}{4} + \frac{1}{2}\sum_{m=1}^{n}\left(a_m^2 + b_m^2\right). \tag{2.80}$$

式 (2.78)–(2.80) より

$$\mathcal{E}_n = E_n + \frac{(a_0 - A_0)^2}{4} + \frac{1}{2}\sum_{m=1}^{n}\left\{(a_m - A_m)^2 + (b_m - B_m)^2\right\} \tag{2.81a}$$

$$E_n \equiv \frac{1}{2\pi}\int_{-\pi}^{\pi}f(x)^2 \mathrm{d}x - \frac{A_0^2}{4} - \frac{1}{2}\sum_{m=1}^{n}\left(A_m^2 + B_m^2\right). \tag{2.81b}$$

E_n は a_m, b_m を含まないので，$\mathcal{E}_n$ は $a_m = A_m$ ($m = 0, 1, \cdots, n$), $b_m = B_m$ ($m = 1, 2, \cdots, n$) のとき最小になり，そのときの平均二乗誤差は E_n で与えられる． ∎

定義 2.11 区間 $I = [a, b]$ で定義された関数列 $F_n(x)$ と関数 $F(x)$ が

$$\lim_{n\to\infty}\int_a^b \left\{F(x) - F_n(x)\right\}^2 \mathrm{d}x = 0 \tag{2.82}$$

を満たすとき，$F_n(x)$ は I において $F(x)$ に**平均収束**するという．

定理 2.11 (Fourier 級数の平均収束) 周期 2π の区分的に滑らかな周期関数 $f(x)$ の Fourier 多項式 $S_n(x)$ は $f(x)$ に平均収束する．

(証明) まず $f(x)$ が不連続点をもたない場合を考える．この場合は $S_n(x)$ は $f(x)$ に一様収束するので，任意の正の微小量 ϵ に対してある N_ϵ が存在し，$n > N_\epsilon$ のとき

$$\left|f(x) - S_n(x)\right| < \sqrt{\frac{\epsilon}{2\pi}} \tag{2.83}$$

が成り立つ．これより

$$\int_{-\pi}^{\pi}\left\{f(x) - S_n(x)\right\}^2 \mathrm{d}x < \epsilon \tag{2.84}$$

となり，式 (2.82) が導かれる．次に $f(x)$ が $(-\pi, \pi)$ に一つだけ不連続点 a をもつ場合を考える．注意 2.2 と定理 2.9 より $f(x)$ も $S_n(x)$ も有界であるから，n によ

らない正数 M を用いて $|f(x) - S_n(x)| < M$ となる．任意の正の微小量 ϵ に対して，正の実数 δ を $\delta < \epsilon/(4M^2)$ となるようにとり，式 (2.84) の左辺の積分区間を $[-\pi, a-\delta], [a-\delta, a+\delta], [a+\delta, \pi]$ に分ける．

区間 $[-\pi, a-\delta], [a+\delta, \pi]$ においては $S_n(x)$ は $f(x)$ に一様収束するので，ある N_ϵ が存在し，$n > N_\epsilon$ のとき

$$|f(x) - S_n(x)| < \sqrt{\frac{\epsilon}{4\pi}} \tag{2.85}$$

が成り立つ．これより

$$\int_{-\pi}^{a-\delta} \{f(x) - S_n(x)\}^2 dx + \int_{a+\delta}^{\pi} \{f(x) - S_n(x)\}^2 dx < \frac{\epsilon}{2} \tag{2.86}$$

一方，$[-\pi, a-\delta], [a+\delta, \pi]$ では

$$\int_{a-\delta}^{a+\delta} \{f(x) - S_n(x)\}^2 dx < 2\delta M^2 < \frac{\epsilon}{2} \tag{2.87}$$

となる．式 (2.86) と式 (2.87) より

$$\int_{-\pi}^{\pi} \{f(x) - S_n(x)\}^2 dx < \epsilon \tag{2.88}$$

となり，式 (2.82) が導かれる．$a = \pm\pi$ の場合や不連続点が複数存在する場合でも上と同様に示すことができる．∎

Fourier 級数の平均収束性は，区分的に滑らかな関数だけでなく，有界変動関数，区分連続な関数で成り立つ．さらに以下の定理が成立する．

定理 2.12 (二乗可積分な関数の Fourier 級数の平均収束性)[*16] 有限区間 $I \in [-\pi, \pi]$ において

$$\int_{-\pi}^{\pi} f(x)^2 dx < \infty \tag{2.89}$$

となる関数 $f(x)$ の Fourier 級数は平均収束する．

このことは，Fourier 級数の一様収束性が連続かつ有界変動な関数に限定されることと比べると対照的である．また連続関数の Fourier 級数についてはその収束性すら保証されない一方で，三角多項式による連続関数の近似については以下の定理が知られている．

---

*16 証明は参考文献 [4] 3 章参照．

定理 2.13 (三角多項式による連続関数の一様近似)[*17]　有限区間 $I \in [-\pi, \pi]$ における任意の連続関数 $f(x)$ と任意の $\epsilon > 0$ に対して

$$x \in I, \quad |f(x) - T_n(x)| < \epsilon \tag{2.90}$$

を満たす三角多項式 $T_n(x)$ が存在する．

　$f(x)$ が有界変動でない連続関数であるとき，$T_n(x)$ が $f(x)$ の Fourier 多項式と一致するとは限らない．その一方で $f(x)$ の最小二乗近似となる三角多項式 $T_n(x)$ は Fourier 多項式 $S_n(x)$ で与えられるのである．

　Fourier 級数の平均収束性と式 (2.81) より次の関係式が導かれる．

定理 2.14 (**Parseval** (パーセヴァル) の等式)　$(-\pi, \pi)$ で定義された区分的に滑らかな関数 $f(x)$ とその Fourier 展開係数には次の関係式が成立する：

$$\frac{1}{2\pi} \int_{-\pi}^{\pi} f(x)^2 \mathrm{d}x = \frac{A_0^2}{4} + \frac{1}{2} \sum_{m=1}^{\infty} \left(A_m^2 + B_m^2 \right) \tag{2.91}$$

　定理 2.14 の応用例として級数の評価がある．以下，典型的な例題を示す．

例題 2.1

$$\sum_{k=0}^{\infty} \frac{1}{(2k+1)^2} = \frac{\pi^2}{8} \tag{2.92}$$

を示せ．　　　　　　　　　　　　　　　　　　　　　　　　　　　　　▷

(**解**)　式 (2.59), (2.60) より，

$$\frac{4}{\pi} \sum_{k=0}^{\infty} \frac{\sin(2k+1)x}{2k+1} = \begin{cases} 1 & (x \in (0, \pi)) \\ 0 & (x = 0) \\ -1 & (x \in (-\pi, 0)) \end{cases} \tag{2.93}$$

が成り立つ．これに対する Parseval の等式は，

$$\frac{8}{\pi^2} \sum_{k=0}^{\infty} \frac{1}{(2k+1)^2} = \frac{1}{2\pi} \int_{-\pi}^{\pi} 1 \mathrm{d}x = 1 \tag{2.94}$$

[*17]　証明は参考文献 [1] 6 章参照．

で与えられる．これより式 (2.92) が得られる．

例題 2.2

$$\sum_{k=1}^{\infty} \frac{1}{k^4} = \frac{\pi^4}{90} \tag{2.95}$$

を示せ． ◁

(解) 例 2.10 で扱った x の Fourier 級数展開の表式を 0 から $x \in [-\pi, \pi]$ まで項別積分して

$$\frac{x^2}{2} = (\text{定数項}) + 2\sum_{k=1}^{\infty} \frac{(-1)^k \cos kx}{k^2} \tag{2.96}$$

を得る．これは $\frac{x^2}{2}$ の Fourier 級数展開であるから，右辺の定数項は

$$\frac{1}{2\pi} \int_{-\pi}^{\pi} \frac{x^2}{2} dx = \frac{\pi^2}{6} \tag{2.97}$$

となる．式 (2.96) に対する Parseval の等式は，

$$\frac{\pi^4}{36} + 2\sum_{k=1}^{\infty} \frac{1}{k^4} = \frac{1}{2\pi} \int_{-\pi}^{\pi} \left(\frac{x^2}{2}\right)^2 dx = \frac{\pi^4}{20} \tag{2.98}$$

となり，式 (2.95) が得られる．

2.11 任意の区間での Fourier 級数展開

区間 $[a,b]$ $(a < b)$ で定義された区分的に滑らかな関数 $f(x)$ に対しても以下のように Fourier 級数展開を考えることができる．区間の長さ $b - a \equiv \ell$ を周期とする三角関数と定数項の線形結合

$$S_n(x) = \frac{A_0}{2} + \sum_{m=1}^{n} \left\{ A_m \cos\left(\frac{2\pi m x}{\ell}\right) + B_m \sin\left(\frac{2\pi m x}{\ell}\right) \right\} \tag{2.99}$$

で $f(x)$ を近似する．Fourier 展開係数 $\{A_m\}_{m=0}^{\infty}$, $\{B_m\}_{m=1}^{\infty}$ は式 (2.99) の右辺が $f(x)$ の最小二乗近似になるように決めると，前節 2.10 と同様な計算により

$$A_m = \frac{2}{\ell} \int_a^b f(x) \cos\left(\frac{2\pi m x}{\ell}\right) dx \quad (m = 0, 1, 2, \cdots) \tag{2.100}$$

$$B_m = \frac{2}{\ell} \int_a^b f(x) \sin\left(\frac{2\pi m x}{\ell}\right) dx \quad (m = 1, 2, \cdots) \tag{2.101}$$

となる．このとき Fourier 級数 $\lim_{n\to\infty} S_n(x)$ は $f(x)$ に平均収束する．$f(x)$ が滑らかで，かつ $f(a) = f(b)$ を満たすならば，級数 $\lim_{n\to\infty} S_n(x)$ は $f(x)$ に一様収束する．

2.12　複素係数の Fourier 級数展開

前節の結果を純虚数の指数関数を用いて書き換える．

$$\cos\left(\frac{2\pi m x}{\ell}\right) = \frac{1}{2}\left\{\exp\left(\frac{2\pi\mathrm{i}m x}{\ell}\right) + \exp\left(-\frac{2\pi\mathrm{i}m x}{\ell}\right)\right\} \tag{2.102a}$$

$$\sin\left(\frac{2\pi m x}{\ell}\right) = -\frac{\mathrm{i}}{2}\left\{\exp\left(\frac{2\pi\mathrm{i}m x}{\ell}\right) - \exp\left(-\frac{2\pi\mathrm{i}m x}{\ell}\right)\right\} \tag{2.102b}$$

を式 (2.99) に代入して整理する．その際

$$C_n \equiv \begin{cases} \dfrac{1}{2}(A_n - \mathrm{i}B_n) & (n > 0) \\ \dfrac{A_0}{2} & (n = 0) \\ \dfrac{1}{2}(A_n + \mathrm{i}B_n) & (n < 0) \end{cases} \tag{2.103}$$

を導入すると，任意の整数 n に対して

$$C_n = \frac{1}{\ell} \int_a^b f(x) \exp\left(-\frac{2\pi\mathrm{i}n x}{\ell}\right) dx \tag{2.104}$$

とまとめて書くことができる．これを用いると

$$S_n(x) = \sum_{m=-n}^{n} C_m \exp\left(\frac{2\pi\mathrm{i}m x}{\ell}\right) \tag{2.105}$$

もとの関数 $f(x)$ が区分的に滑らかであるときの，Fourier 級数の平均収束性を $\sim$ で表すことにすると，この節の結果は

$$f(x) \sim \sum_{n=-\infty}^{\infty} C_n \exp\left(\frac{2\pi\mathrm{i}n x}{\ell}\right) \tag{2.106}$$

とまとめることができる．

例題 2.3

$$f(x) = \mathrm{e}^{-\alpha x} \quad (x \in [-\pi, \pi], \quad \alpha \text{ は実数}) \tag{2.107}$$

を指数関数 $\{e^{inx}\}_{n=-\infty}^{\infty}$ を用いて Fourier 級数展開せよ. ◁

(**解**) $f(x)$ の Fourier 級数は, 式 (2.104), (2.105) より

$$\sum_{n=-\infty}^{\infty}\frac{e^{inx}}{2\pi}\int_{-\pi}^{\pi}e^{-\alpha x'}e^{-inx'}dx' = \sum_{n=-\infty}^{\infty}e^{inx}\frac{(-1)^n\sinh(\pi\alpha)}{\pi(\alpha+in)} \tag{2.108}$$

と求まる. これは $x\in(-\pi,\pi)$ で $f(x)$ に一致し, $x=\pm\pi$ のとき $\frac{f(\pi)+f(-\pi)}{2}=\cosh(\pi\alpha)$ に一致する. Fourier 級数 $S_\infty(x)$ は図 2.3(c) に描かれている.

例題 2.4 例題 2.3 の結果を用いて

$$\sum_{n=1}^{\infty}\frac{(-1)^n}{\alpha^2+n^2}=\frac{1}{2\alpha}\left(\frac{\pi}{\sinh\pi\alpha}-\frac{1}{\alpha}\right) \tag{2.109a}$$

$$\sum_{n=1}^{\infty}\frac{1}{\alpha^2+n^2}=\frac{1}{2\alpha}\left(\frac{\pi}{\tanh\pi\alpha}-\frac{1}{\alpha}\right) \tag{2.109b}$$

を導け. ◁

(**解**) $f(x)$ の Fourier 級数 (2.108) で $x=0$ とおくと

$$\frac{\sinh(\pi\alpha)}{\pi}\sum_{n=-\infty}^{\infty}\frac{(-1)^n}{\alpha+in}=\frac{\sinh(\pi\alpha)}{\pi}\left(\frac{1}{\alpha}+\sum_{n=1}^{\infty}\frac{(-1)^n 2\alpha}{\alpha^2+n^2}\right) \tag{2.110}$$

となる. これが $f(0)=1$ に等しいことを用いると式 (2.109a) が得られる.

また, $f(x)$ の Fourier 展開級数 (2.108) で $x=\pi$ とおくと

$$\frac{\sinh(\pi\alpha)}{\pi}\sum_{n=-\infty}^{\infty}\frac{1}{\alpha+in}=\frac{\sinh(\pi\alpha)}{\pi}\left(\frac{1}{\alpha}+\sum_{n=1}^{\infty}\frac{2\alpha}{\alpha^2+n^2}\right) \tag{2.111}$$

となる. これが $\frac{f(\pi)+f(-\pi)}{2}=\cosh\pi\alpha$ に等しいことを用いると式 (2.109b) が得られる.

3 直交関数系と一般化 Fourier 級数展開

　Fourier 級数展開は三角関数だけでなく一般の直交関数系を用いて行うことができる．正規直交関数系と Gram-Schmidt (グラム・シュミット) の正規直交化法について学んだ上で，直交多項式系を用いた Fourier 級数展開の一般論を展開する．その例として Legendre (ルジャンドル) 多項式展開，Hermite (エルミート) 多項式展開，Laguerre (ラゲール) 多項式展開を紹介する．

3.1 正規直交関数系

　区間 $I = [a, b]$ において定義される実関数 $f(x)$, $g(x)$，重み関数 $w(x) > 0$ に関する積分

$$\int_a^b f(x)g(x)w(x)\mathrm{d}x \tag{3.1}$$

が存在するとき，式 (3.1) を (f, g) と表す．

定理 3.1 (f, g) は以下の関係式を満たす．

- $(f, f) \geq 0$
- $(f, g) = (g, f)$
- $(f_1 + f_2, g) = (f_1, g) + (f_2, g)$
- 実数 λ に対して $(f, \lambda g) = \lambda(f, g)$

定義 3.1 (f, g) を関数 f と g の**内積**といい，その値がゼロになるとき f と g は**直交する**という．$\sqrt{(f, f)} = \|f\|$ を関数 f の**ノルム**という．

定理 3.2 (Schwarz (シュワルツ) の不等式)

$$|(f, g)| \leq \|f\| \|g\|. \tag{3.2}$$

定義 3.2 $\|f\| = 1$ となるとき f は**正規化** (または**規格化**) されているという．

定義 3.3 区間 $[a,b]$ において定義された関数系

$$\varphi_1(x), \varphi_2(x), \cdots, \varphi_i(x), \cdots \tag{3.3}$$

が互いに直交しているとき，関数系 $\{\varphi_i\}_{i=1}^{\infty}$ を**直交関数系**という．関数系 $\{\varphi_i\}_{i=1}^{\infty}$ が互いに直交し，かつ正規化されているとき (すなわち $(\varphi_i, \varphi_j) = \delta_{ij}$ を満たすとき)，関数系 $\{\varphi_i\}_{i=1}^{\infty}$ を**正規直交関数系**という．

例 3.1 $a = -\pi, b = \pi, w = 1$ のとき

$$1, \quad \cos mx, \quad \sin mx \quad (m = 1, 2, \cdots) \tag{3.4}$$

は直交関数系をなす． ◁

例 3.2 $a = -\pi, b = \pi, w = 1$ のとき

$$\frac{1}{\sqrt{2\pi}}, \quad \frac{\cos mx}{\sqrt{\pi}}, \quad \frac{\sin mx}{\sqrt{\pi}} \quad (m = 1, 2, \cdots) \tag{3.5}$$

は正規直交関数系をなす． ◁

定義 3.4 直交関数系 $\{\varphi_i\}_{i=1}^{\infty}$ において $\varphi_i(x)$ が x の i 次多項式で与えられるとき，$\{\varphi_i\}_{i=1}^{\infty}$ を**直交多項式系**という．

この章では，主に直交関数系として直交多項式系を採用した場合を念頭において話を進める．

3.2　任意関数系の直交化

この節では区間 $[a,b]$ において定義された関数系

$$u_1(x), u_2(x), \cdots, u_i(x), \cdots \tag{3.6}$$

の線形結合から正規直交関数系を構成する手順 (Gram-Schmidt の正規直交化法) を学ぶ．有限次元の線形代数における正規直交系の構成法を思い起こしながら読み進めてほしい．

定義 3.5 関数系 (3.6) が線形独立であるとは，任意の n について，

$$\sum_{i=1}^{n} a_i u_i(x) = 0 \iff a_1 = a_2 = \cdots = a_n = 0 \tag{3.7}$$

が成り立つことをいう．

以下，関数系 (3.6) が線形独立であるとして話を進める．Gram-Schmidt の直交化法の基本方針は，正規直交関数系の n 番目の関数 $\varphi_n(x)$ を $u_1(x), \cdots, u_n(x)$ の線形結合

$$\varphi_n(x) = \sum_{i=1}^{n} c_{in} u_i(x) \tag{3.8}$$

で構成し，

$$\text{直交条件} \quad (\varphi_n, \varphi_i) = 0 \quad (i = 1, 2, \cdots, n-1) \tag{3.9a}$$

$$\text{規格化条件} \quad (\varphi_n, \varphi_n) = 1 \tag{3.9b}$$

を満たすように係数 c_{in} を決めるというものである．ただし条件 (3.9a) は

$$\text{直交条件} \quad (\varphi_n, u_i) = 0 \quad (i = 1, 2, \cdots, n-1) \tag{3.10}$$

が成り立てば $i = 1, 2, \cdots, n-1$ に対して

$$(\varphi_n, \varphi_i) = \sum_{j=1}^{i} c_{ji}(\varphi_n, u_j) = 0$$

となるので，式 (3.9a) のかわりに式 (3.10) を用いる．以下 $(u_i, u_j) = a_{ij}$ と書くことにして具体的な手順を書き下してみると

- $\varphi_1(x) = c_{11} u_1(x)$ とおき，式 (3.9b) より $c_{11} = 1/\sqrt{a_{11}}$ を得る．
- $\varphi_2(x) = c_{12} u_1(x) + c_{22} u_2(x)$ とおき，式 (3.10) より $c_{12} = -a_{12} c_{22}/a_{11}$ が得られる．さらに式 (3.9b) を用いると $c_{22} = \sqrt{a_{11}/(a_{11} a_{22} - a_{12}^2)}$ が得られる．
- 以下同様の手順を繰り返す．

上記の手順の結果として得られる正規直交系 $\{\varphi_i\}$ の表式は以下のようにまとめられる．

定理 3.3 (Gram-Schmidt 1)

$$\varphi_1(x) = \frac{u_1(x)}{\|u_1\|}, \quad \varphi_n = \frac{u_n(x) - \sum_{i=1}^{n-1}(u_n, \varphi_i)\varphi_i(x)}{\left\|u_n - \sum_{i=1}^{n-1}(u_n, \varphi_i)\varphi_i\right\|} \quad (n = 2, 3, \cdots) \quad (3.11)$$

は式 (3.8) と (3.9) を満たす.

正規直交系 $\{\varphi_i\}$ の表式は行列式を用いて以下のようにもまとめられる[*1].

$$\varphi_i = N_i \Phi_i(x), \quad \Phi_i(x) = \begin{vmatrix} a_{11} & a_{12} & \cdots & a_{1i} \\ a_{21} & a_{22} & \cdots & a_{2i} \\ \vdots & & \ddots & \vdots \\ a_{i-1,1} & a_{i-1,2} & \cdots & a_{i-1,i} \\ u_1(x) & u_2(x) & \cdots & u_i(x) \end{vmatrix} \quad (3.12)$$

規格化定数 N_i は

$$N_i = (A_{i-1} A_i)^{-\frac{1}{2}} \quad (3.13)$$

で与えられる. ただし

$$A_0 = 1, \quad A_i = \begin{vmatrix} a_{11} & a_{12} & \cdots & a_{1i} \\ a_{21} & a_{22} & \cdots & a_{2i} \\ \vdots & & \ddots & \vdots \\ a_{i1} & a_{i2} & \cdots & a_{ii} \end{vmatrix} \quad (i = 1, 2, \cdots) \quad (3.14)$$

とした.

定理 3.4 (Gram-Schmidt 2) 式 (3.12) は式 (3.8) と (3.9) を満たす.

(証明) 式 (3.12) は $u_1(x), \cdots, u_n(x)$ の線形結合で与えられるから, 式 (3.8) の形式で与えられることは明らかである. また

$$(u_i, \Phi_n) = \begin{vmatrix} a_{11} & a_{12} & \cdots & a_{1n} \\ a_{21} & a_{22} & \cdots & a_{2n} \\ \vdots & & \ddots & \vdots \\ a_{n-1,1} & a_{n-1,2} & \cdots & a_{n-1,n} \\ (u_i, u_1) & (u_i, u_2) & \cdots & (u_i, u_n) \end{vmatrix} \quad (3.15)$$

[*1] 例えば参考文献 [1] の 6 章参照.

において $i = 1, 2, \cdots, n-1$ のときは右辺の行列の i 行目と n 行目は等しいので式 (3.15) はゼロとなり，式 (3.12) は式 (3.9a) を満たす．式 (3.15) において $i = n$ のとき

$$(u_n, \Phi_n) = \begin{vmatrix} a_{11} & a_{12} & \cdots & a_{1n} \\ a_{21} & a_{22} & \cdots & a_{2n} \\ \vdots & & \ddots & \vdots \\ a_{n-1,1} & a_{n-1,2} & \cdots & a_{n-1,n} \\ a_{n1} & a_{n2} & \cdots & a_{nn} \end{vmatrix} = A_n \tag{3.16}$$

であり，かつ Φ_n における u_n の係数は (式 (3.12) で $i = n$ とおき n 行目で余因子展開すると) A_{n-1} で与えられるので，

$$(\Phi_n, \Phi_n) = A_{n-1}(u_n, \Phi_n) = A_{n-1} A_n \tag{3.17}$$

これより $\varphi_n = (A_{n-1} A_n)^{-\frac{1}{2}} \Phi_n$ は式 (3.9b) を満たす． ∎

例 3.3 $u_i = x^{i-1}$ $(i = 1, 2, \cdots)$ としたとき，$\{\Phi_i\}_{i=1}^{\infty}$ は直交多項式系となる． ◁

3.3　直交関数列による一般化 Fourier 級数展開

前章の 2.10 節にならい，最小二乗近似の意味で最良の近似を与える関数列として一般化 Fourier 級数展開を導入する．正規直交系の部分列 $\{\varphi_i(x)\}_{i=1}^{n}$ の線形結合

$$\sum_{i=1}^{n} c_i \varphi_i(x) \tag{3.18}$$

を用いて，区間 $[a, b]$ において二乗可積分な関数 $f(x)$ を最小二乗近似することを考える．平均二乗誤差

$$\mathcal{E}_n = \int_a^b \left(f(x) - \sum_{i=1}^{n} c_i \varphi_i(x) \right)^2 w(x) \mathrm{d}x \tag{3.19}$$

は正規直交性 $(\varphi_i, \varphi_j) = \delta_{ij}$ を用いると

$$\mathcal{E}_n = (f, f) - 2 \sum_{i=1}^{n} c_i (f, \varphi_i) + \sum_{i=1}^{n} \sum_{j=1}^{n} c_i c_j (\varphi_i, \varphi_j)$$

$$= (f,f) - 2\sum_{i=1}^{n} c_i(f,\varphi_i) + \sum_{i=1}^{n} c_i^2$$

$$= (f,f) - \sum_{i=1}^{n}(f,\varphi_i)^2 + \sum_{i=1}^{n}(c_i - (f,\varphi_i))^2 \tag{3.20}$$

となる．最終行の第 1 項と第 2 項は c_i によらないので，第 3 項がゼロ，すなわち $i = 1, 2, \cdots, n$ に対し

$$c_i = (f, \varphi_i) \tag{3.21}$$

のとき $\mathcal{E}_n$ は最小になる．

定義 3.6 式 (3.21) を一般化 Fourier 級数展開における **Fourier 展開係数**という．

定義 3.7 式 (3.18) の形で表される関数のうち，関数 f に対する最良近似関数

$$S_n(x) = \sum_{i=1}^{n}(f,\varphi_i)\varphi_i(x) \tag{3.22}$$

を $f(x)$ の (一般化 Fourier 級数展開における) Fourier 多項式といい，無限和[*2]

$$S_\infty(x) = \sum_{i=1}^{\infty}(\varphi_i, f)\varphi_i(x) \tag{3.23}$$

を $f(x)$ の (一般化 Fourier 級数展開における) **Fourier 級数**という．

注意 3.1 通常，単に Fourier 級数展開という場合には 2 章のように，三角関数または指数関数でのそれを意味する．この章ではその結果を任意の直交関数系を用いた展開に一般化するので，用語も 2 章と同じものを用いる．表記の煩雑さを避けるため，この章では，以下「一般化 Fourier 級数展開における」という断りなしに用語を定義し，かつ用いる． ◁

関数 f に対する Fourier 多項式 (3.22) の平均二乗誤差

$$\mathcal{E}_n = (f,f) - \sum_{i=1}^{n}(f,\varphi_i)^2 \equiv E_n \tag{3.24}$$

[*2] 二乗可積分な関数の Fourier 級数が収束するとは限らない．

は負にはならないので，以下の不等式が成り立つ：

$$\sum_{i=1}^{n}(f,\varphi_i)^2 \leq (f,f). \tag{3.25}$$

式 (3.25) で $n \to \infty$ としたもの

$$\sum_{i=1}^{\infty}(f,\varphi_i)^2 \leq (f,f) \tag{3.26}$$

を Bessel (ベッセル) の不等式という．

定義 3.8 区間 $[a,b]$ で定義された実関数 $f(x)$ の Fourier 級数が

$$\lim_{n\to\infty}\left\|f - \sum_{i=1}^{n}(\varphi_i,f)\varphi_i\right\|^2 = 0 \tag{3.27}$$

を満たすとき，Fourier 級数は $f(x)$ について**平均収束**するという．このとき Fourier 級数は**完全**であるといい，正規直交系 $\{\varphi_i\}_{i=1}^{\infty}$ は**正規直交完全系**であるという．

Fourier 級数が完全であるとき Parseval の関係式

$$\sum_{i=1}^{\infty}(f,\varphi_i)^2 = (f,f) \tag{3.28}$$

が成り立つ．

注意 3.2 直交系 $\{\tilde{\varphi}_i(x)\}_{i=1}^{\infty}$ が規格化されていないとき，ここまでの結果を $\tilde{\varphi}_i$ で書き直しておくと実際の計算上便利である．規格化されていない直交系の部分列 $\{\tilde{\varphi}_i(x)\}_{i=1}^{n}$ の線形結合のうち f に対する最良近似式は，式 (3.22) に $\varphi_i(x) = \tilde{\varphi}_i(x)/\sqrt{(\tilde{\varphi}_i,\tilde{\varphi}_i)}$ を代入して

$$S_n(x) = \sum_{i=1}^{n} \frac{(f,\tilde{\varphi}_i)\tilde{\varphi}_i(x)}{(\tilde{\varphi}_i,\tilde{\varphi}_i)} \tag{3.29}$$

と表され，その平均二乗誤差 (3.24) は

$$E_n = (f,f) - \sum_{i=1}^{n} \frac{(f,\tilde{\varphi}_i)^2}{(\tilde{\varphi}_i,\tilde{\varphi}_i)} \tag{3.30}$$

となる．Fourier 級数 (3.23) は

$$S_\infty(x) = \sum_{i=1}^\infty \frac{(f,\tilde{\varphi}_i)\tilde{\varphi}_i(x)}{(\tilde{\varphi}_i,\tilde{\varphi}_i)} \tag{3.31}$$

で与えられ，Parseval の等式 (3.28) は

$$\sum_{i=1}^\infty \frac{(f,\tilde{\varphi}_i)^2}{(\tilde{\varphi}_i,\tilde{\varphi}_i)} = (f,f) \tag{3.32}$$

と表される． ◁

3.4 いくつかの例

この節では直交多項式の例として Legendre 多項式，Hermite 多項式，Laguerre 多項式と，それらを用いた関数の展開を紹介する．

3.4.1 Legendre 多項式展開

Legendre 多項式は区間 $(-1,1)$ において重み関数 $w(x)=1$ のもとで定義される直交多項式である．

定理 3.5 (Legendre 多項式)

$$P_n(x) = \frac{(-1)^n}{2^n n!}\frac{\mathrm{d}^n}{\mathrm{d}x^n}(1-x^2)^n, \quad n=0,1,2,\cdots \tag{3.33}$$

は x に関する n 次多項式であり，$P_n(x)$ の x^n の係数は $\frac{(2n)!}{2^n(n!)^2}$ である．

定義 3.9 式 (3.33) を n 次の **Legendre 多項式**という．

例 3.4 $P_0(x)=1, \quad P_1(x)=x, \quad P_2(x)=\frac{3x^2}{2}-\frac{1}{2}$ ◁

定理 3.6 (直交性)

$$\int_{-1}^1 P_m(x)P_n(x)\mathrm{d}x = \frac{2}{2n+1}\delta_{mn} \tag{3.34}$$

(証明) まず $n>m$ として直交性を示す．式 (3.34) の左辺の $P_n(x)$ を式 (3.33) を

用いて書き換え，部分積分と

$$\frac{\mathrm{d}^m}{\mathrm{d}x^m}(1-x^2)^n\bigg|_{x=\pm 1}=0 \quad (m<n) \tag{3.35}$$

を用いると

$$(-1)^n 2^n n! \int_{-1}^1 P_m(x)P_n(x)\mathrm{d}x$$
$$= \int_{-1}^1 P_m(x)\frac{\mathrm{d}^n}{\mathrm{d}x^n}(1-x^2)^n \mathrm{d}x$$
$$= \underbrace{\left[P_m(x)\frac{\mathrm{d}^{n-1}}{\mathrm{d}x^{n-1}}(1-x^2)^n\right]_{-1}^1}_{\text{式 (3.35) より 0}} - \int_{-1}^1 \frac{\mathrm{d}P_m(x)}{\mathrm{d}x}\frac{\mathrm{d}^{n-1}}{\mathrm{d}x^{n-1}}(1-x^2)^n \mathrm{d}x$$
$$= -\underbrace{\left[\frac{\mathrm{d}P_m(x)}{\mathrm{d}x}\frac{\mathrm{d}^{n-2}}{\mathrm{d}x^{n-2}}(1-x^2)^n\right]_{-1}^1}_{\text{式 (3.35) より 0}} + (-1)^2\int_{-1}^1 \frac{\mathrm{d}^2 P_m(x)}{\mathrm{d}x^2}\frac{\mathrm{d}^{n-2}}{\mathrm{d}x^{n-2}}(1-x^2)^n\mathrm{d}x$$
$$= \cdots\cdots$$
$$= (-1)^m \underbrace{\left[\frac{\mathrm{d}^m P_m(x)}{\mathrm{d}x^m}\frac{\mathrm{d}^{n-m-1}}{\mathrm{d}x^{n-m-1}}(1-x^2)^n\right]_{-1}^1}_{\text{式 (3.35) より 0}}$$
$$+ (-1)^{m+1}\int_{-1}^1 \underline{\frac{\mathrm{d}^{m+1}P_m(x)}{\mathrm{d}x^{m+1}}}\frac{\mathrm{d}^{n-m-1}}{\mathrm{d}x^{n-m-1}}(1-x^2)^n \mathrm{d}x = 0 \tag{3.36}$$

となる．最後の行の下線を引いた部分は m 次多項式の $m+1$ 階微分であるためゼロとなる．

次に $n=m$ の場合を示す．式 (3.36) と同様に部分積分を繰り返し用いて

$$\int_{-1}^1 P_n(x)P_n(x)\mathrm{d}x = \frac{(2n)!}{2^{2n}(n!)^2}\int_{-1}^1 (1-x)^n(1+x)^n \mathrm{d}x$$
$$= \frac{(2n)!2^{2n+1}}{2^{2n}(n!)^2}\int_0^1 \xi^n(1-\xi)^n \mathrm{d}\xi$$
$$= \frac{(2n)!2^{2n+1}}{2^{2n}(n!)^2} B(n+1, n+1)$$
$$= \frac{(2n)!2^{2n+1}}{2^{2n}(n!)^2}\frac{\Gamma(n+1)^2}{\Gamma(2n+2)} = \frac{2}{2n+1} \tag{3.37}$$

が得られる．2 行目で変数 $\xi = (1-x)/2$，3 行目でベータ関数

$$B(s,t) = \int_0^1 \xi^{s-1}(1-\xi)^{t-1}\mathrm{d}\xi \tag{3.38}$$

を導入した．4 行目でベータ関数とガンマ関数

$$\Gamma(s) = \int_0^\infty \xi^{s-1}\mathrm{e}^{-\xi}\mathrm{d}\xi \tag{3.39}$$

の間に成り立つ関係式

$$B(s,t) = \Gamma(s)\Gamma(t)/\Gamma(s+t) \tag{3.40}$$

と $\Gamma(n+1) = n!$ (n は正の整数) を用いた． ■

定理 3.7 (正規直交系)

$$\left\{\left(\frac{2n+1}{2}\right)^{\frac{1}{2}} P_n(x)\right\}_{n=0}^\infty \tag{3.41}$$

は区間 $(-1,1)$ と重み関数 $w(x)=1$ に対する正規直交多項式系を与える．

定理 3.8 (完全性) 式 (3.41) は区間 $(-1,1)$ で二乗可積分な関数に対して完全である．すなわち，Parseval の等式 (3.28) が成り立つ．

証明には定理 2.12 と次の定理を用いる．

定理 3.9 (**Weierstrass** (ワイエルシュトラス) の近似定理) 有限区間 $[a,b]$ における任意の連続関数 $f(x)$ と任意の $\epsilon > 0$ に対して

$$x \in I, \quad |f(x) - F_n(x)| < \epsilon \tag{3.42}$$

を満たす x の多項式

$$F_n(x) = a_0 + a_1 x + a_2 x^2 + \cdots + a_n x^n \tag{3.43}$$

が存在する．

この定理は，区間 $[-\pi, \pi]$ において三角多項式が原点まわりで展開したときの Taylor 多項式で一様に近似できること定理 2.13 を用いれば示すことができる[*3]．

(定理 3.8 の証明) $x \in [-1, 1]$ で $f(x)$ が二乗可積分であれば，$x \in [-\pi, \pi]$ で $f(x/\pi)$ は二乗可積分である．よって定理 2.12 により，任意の $\epsilon > 0$ に対して平均二乗誤差が

$$\int_{-\pi}^{\pi} |f(\xi/\pi) - t_m(\xi)|^2 \mathrm{d}\xi < \frac{\epsilon}{4\pi} \tag{3.44}$$

となる三角多項式 $t_m(\xi)$ が存在する．この式は $T_m(x) = t_m(\pi x)$ を用いて

$$\|f - T_m\|^2 = \int_{-1}^{1} |f(x) - T_m(x)|^2 \mathrm{d}x < \frac{\epsilon}{4} \tag{3.45}$$

と書き直せる．$T_m(x)$ は連続関数であるから定理 3.9 より，

$$x \in [-1, 1], \quad |T_m(x) - F_n(x)| < \sqrt{\frac{\epsilon}{8}} \tag{3.46}$$

となる多項式 F_n が存在する (その次数は n である)．このとき

$$\|T_m - F_n\|^2 = \int_{-1}^{1} (T_m(x) - F_n(x))^2 \mathrm{d}x < \frac{\epsilon}{4} \tag{3.47}$$

が成り立つ．これらを用いて

$$\begin{aligned}
\|f - F_n\|^2 &= \|f - T_m\|^2 + \|T_m - F_n\|^2 + 2(f - T_m, T_m - F_n) \\
&\leq \|f - T_m\|^2 + \|T_m - F_n\|^2 + 2\|f - T_m\|\|T_m - F_n\| \\
&= (\|f - F_n\| + \|T_m - F_n\|)^2 < \epsilon
\end{aligned} \tag{3.48}$$

となる．ここで Schwarz の不等式 (3.2) を用いた．Legendre 多項式は $[-1, 1]$ で最小二乗近似を与える直交関数系だから，Legendre 多項式を用いた Fourier 多項式 $S_n(x)$ は $F_n(x)$ よりよい最小二乗近似を与える：

$$\|f - S_n\|^2 \leq \|f - F_n\|^2 < \epsilon. \tag{3.49}$$

これは Legendre 多項式の完全性を示している． ∎

[*3] 証明は参考文献 [1] 6 章または [4] 3 章参照．

例題 **3.1**
$$f(x) = (1-x)^\alpha, \quad 0 < \alpha < 1, \quad x \in [-1, 1] \tag{3.50}$$
を Legendre 多項式で Fourier 級数展開せよ． ◁

(**解**) いまの場合の Fourier 級数 S_∞ は式 (3.29) により

$$S_\infty = \sum_{n=0}^\infty c_n P_n(x), \tag{3.51a}$$

$$\begin{aligned}
c_n &= \frac{\int_{-1}^1 (1-x)^\alpha P_n(x) \mathrm{d}x}{\int_{-1}^1 (P_n(x))^2 \mathrm{d}x} \\
&= \frac{2n+1}{2} \int_{-1}^1 (1-x)^\alpha P_n(x) \mathrm{d}x \\
&= \frac{(-1)^n 2^\alpha (2n+1)(\Gamma(\alpha+1))^2}{\Gamma(\alpha+1-n)\Gamma(\alpha+n+2)}
\end{aligned} \tag{3.51b}$$

で与えられる．2 行目から 3 行目にかけて式 (3.37) を用いた．最後の定積分は式 (3.33) と部分積分，および

$$\left. \frac{\mathrm{d}^{m-1}(1-x)^\alpha}{\mathrm{d}x^{m-1}} \frac{\mathrm{d}^{n-m}(1-x^2)^n}{\mathrm{d}x^{n-m}} \right|_{x=\pm 1} = 0 \quad (m < n) \tag{3.52}$$

を用いて以下のように求められる：

$$\begin{aligned}
&2^n n! \int_{-1}^1 (1-x)^\alpha P_n(x) \mathrm{d}x \\
&= (-1)^n \int_{-1}^1 (1-x)^\alpha \frac{\mathrm{d}^n}{\mathrm{d}x^n}(1-x^2)^n \mathrm{d}x \\
&= (-1)^n \underbrace{\left[(1-x)^\alpha \frac{\mathrm{d}^{n-1}}{\mathrm{d}x^{n-1}}(1-x^2)^n \right]_{-1}^1}_{\text{式 (3.52) より 0}} \\
&\quad + (-1)^{n+1} \int_{-1}^1 \frac{\mathrm{d}(1-x)^\alpha}{\mathrm{d}x} \frac{\mathrm{d}^{n-1}}{\mathrm{d}x^{n-1}}(1-x^2)^n \mathrm{d}x \\
&= \cdots\cdots \\
&= -\underbrace{\left[\frac{\mathrm{d}^{n-1}(1-x)^\alpha}{\mathrm{d}x^{n-1}}(1-x^2)^n \right]_{-1}^1}_{\text{式 (3.52) より 0}} + \int_{-1}^1 \frac{\mathrm{d}^n(1-x)^\alpha}{\mathrm{d}x^n}(1-x^2)^n \mathrm{d}x
\end{aligned}$$

$$
\begin{aligned}
&= \frac{(-1)^n \Gamma(\alpha+1)}{\Gamma(\alpha+1-n)} \int_{-1}^{1} (1-x)^\alpha (1+x)^n \mathrm{d}x \\
&= \frac{(-1)^n 2^{\alpha+n+1} \Gamma(\alpha+1)}{\Gamma(\alpha+1-n)} \underbrace{\int_{0}^{1} \xi^n (1-\xi)^\alpha \mathrm{d}\xi}_{B(n+1,\alpha+1)} \\
&= \frac{(-1)^n 2^{\alpha+n+1} (\Gamma(\alpha+1))^2 n!}{\Gamma(\alpha+1-n)\Gamma(\alpha+n+2)}.
\end{aligned}
\tag{3.53}
$$

最後の行でベータ関数をガンマ関数で表す式 (3.40) を用いた．

図 3.1 は $\alpha = \frac{1}{2}$ としたときの $(1-x)^{\frac{1}{2}}$ と，それに対する多項式展開を有限次で打ち切ったものを示している．上段のスケールでは $x=1$ 付近で $n=5$ までの寄与のみ取り入れた多項式近似が悪くなっているが，それ以外の $n=10, 15, 20, 25$

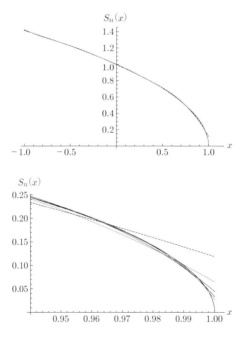

図 3.1 $(1-x)^{\frac{1}{2}}$ とその Legendre 多項式による展開 $S_n(x) \equiv \sum_{k=0}^{n} c_k P_k(x)$ のうち $n=10, 15, 20, 25$ としたものの比較．上図は定義域全体 $[-1,1]$ を示し，下図は $x=1$ 付近の拡大図を示している．下図の $x=1$ における曲線のうち上から順に $n=5, 10, 15, 20, 25$，そして一番下の曲線が $(1-x)^{\frac{1}{2}}$ を表している．

まで取り入れた多項式近似は十分な精度で，$(1-x)^{\frac{1}{2}}$ を再現している．ただし下段図のように $x = 1$ 付近を拡大してみると精度が悪くなっていることがわかる．
$(1-x)^\alpha$ に対する多項式近似の平均二乗誤差は

$$\begin{aligned}
E_n &= \int_{-1}^{1} \left((1-x)^\alpha - \sum_{i=0}^{n} c_i P_i(x) \right)^2 \mathrm{d}x \\
&= \int_{-1}^{1} (1-x)^{2\alpha} \mathrm{d}x - \sum_{i=0}^{n} c_i^2 \int_{-1}^{1} P_i(x)^2 \mathrm{d}x \\
&= \frac{2^{2\alpha+1}}{2\alpha+1} - 2 \sum_{i=0}^{n} \frac{c_i^2}{2i+1} \\
&= 2^{2\alpha+1} \left(\frac{1}{2\alpha+1} - \Gamma(\alpha+1)^4 \sum_{i=0}^{n} \frac{(2i+1)}{\Gamma^2(\alpha+1-i)\Gamma^2(\alpha+2+i)} \right) \quad (3.54)
\end{aligned}$$

で与えられる．図 3.2 は平均二乗誤差 (3.54) を

$$\| (1-x)^\alpha \|^2 = \int_{-1}^{1} (1-x)^{2\alpha} \mathrm{d}x = \frac{2^{2\alpha+1}}{2\alpha+1} \quad (3.55)$$

で割ったもの (最小二乗近似の相対誤差) の n 依存性を $\alpha = 1/2$ の場合に示したものである．n が大きくなるに従い，平均二乗誤差がゼロに向かって小さくなり，Parseval の等式が成り立つ様子がみてとれる．

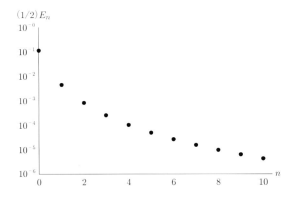

図 **3.2** 平均二乗誤差 (3.54) を式 (3.55) で割ったものの n 依存性．$\alpha = 1/2$ とした．

例題 3.2

$$f(x) = \begin{cases} 1 & (x \in (0,1)) \\ 0 & (x = 0) \\ -1 & (x \in (-1,0)) \end{cases} \tag{3.56}$$

を Legendre 多項式で展開せよ． ◁

(解) 式 (3.56) は奇関数なので，奇数次の多項式のみ展開に寄与する．Fourier 級数 S_∞ は式 (3.29) により

$$S_\infty(x) = \sum_{k=0}^{\infty} c_{2k+1} P_{2k+1}(x), \tag{3.57a}$$

$$c_{2k+1} = \frac{\int_{-1}^{1} f(x) P_{2k+1}(x) \mathrm{d}x}{\int_{-1}^{1} (P_{2k+1}(x))^2 \mathrm{d}x} = \frac{(-1)^k (2k)!(4k+3)}{2^{2k+1} k!(k+1)!} \tag{3.57b}$$

として得られる．分母の積分は式 (3.37) によって与えられる．分子の積分は以下のようにして求められる．$k = 0, 1, 2, \cdots$ として

$$\begin{aligned} \int_{-1}^{1} f(x) P_{2k+1}(x) \mathrm{d}x &= 2 \int_{0}^{1} P_{2k+1}(x) \mathrm{d}x \\ &= \frac{1}{2^{2k}(2k+1)!} \int_0^1 \frac{\mathrm{d}^{2k+1}}{\mathrm{d}x^{2k+1}} (x^2-1)^{2k+1} \mathrm{d}x \\ &= \frac{1}{2^{2k}(2k+1)!} \left[\frac{\mathrm{d}^{2k}}{\mathrm{d}x^{2k}} (x^2-1)^{2k+1} \right]_0^1 \end{aligned} \tag{3.58}$$

が得られる．最右辺の表式において $x=1$ での境界値からの寄与はゼロであるので，$x=0$ からの寄与のみ考える．$(x^2-1)^{2k+1}$ の 2 項展開

$$(x^2 - 1)^{2k+1} = \sum_{m=0}^{2k+1} \frac{(2k+1)!}{m!(2k+1-m)!} (-1)^{2k+1-m} x^{2m} \tag{3.59}$$

の右辺のうち，式 (3.58) に寄与するのは，$m = k$ の項のみである．よって式 (3.58) は

$$\frac{(-1)^k (2k)!}{2^{2k} k!(k+1)!} \tag{3.60}$$

となる．これらの結果より，$x \in (-\pi, \pi)$ において式 (3.56) に対する多項式近似の平均二乗誤差は

$$E_{2m+1} = \int_{-1}^{1} \left(f(x) - \sum_{k=0}^{m} c_{2k+1} P_{2k+1}(x) \right)^2 \mathrm{d}x$$

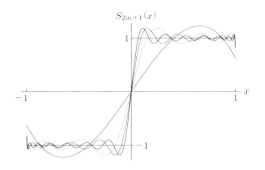

図 **3.3** 例題 3.2 の $f(x)$ とその Legendre 多項式による展開 $S_{2m+1}(x) \equiv \sum_{k=0}^{m} c_{2k+1} P_{2k+1}(x)$ のうち $m = 1, 5, 9, 13$ としたものの比較.

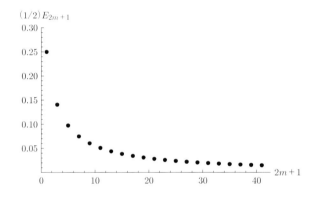

図 **3.4** 平均二乗誤差 (3.61) を $\|f\|^2 = 2$ で割ったものの n 依存性.

$$= 2 - \frac{1}{2} \sum_{k=0}^{m} \frac{((2k)!)^2 (4k+3)}{2^{4k}(k!)^2((k+1)!)^2} \tag{3.61}$$

で与えられる.

図 3.3 は $f(x)$ とその多項式展開を有限次で打ち切ったものを示している. $f(x)$ が $x = 0$ で不連続であるため, $x = 0$ 付近で多項式近似式に 2 章においてみられた Gibbs 現象と同様の振動がみられる. 図 3.4 は平均二乗誤差 (3.61) を

$$\|f\|^2 = 2 \tag{3.62}$$

で割ったもの (最小二乗近似の相対誤差) の n 依存性を示している. n が大きくなるに従い, 平均二乗誤差が小さくなり, Parseval の等式が成り立つ様子がみてとれるが, 例題 3.1 のとき (図 3.2) と比べて収束が遅い. これはもとの関数に不連続性があるためである.

3.4.2 Hermite 多項式展開

Hermite 多項式は区間 $(-\infty, \infty)$ において重み関数 $w(x) = e^{-x^2}$ のもとで定義される直交多項式である.

定理 3.10 (Hermite 多項式)

$$H_n(x) = (-1)^n e^{x^2} \frac{d^n}{dx^n} e^{-x^2} \quad (n = 0, 1, 2, \cdots) \tag{3.63}$$

は x に関する n 次多項式であり, $H_n(x)$ の x^n の係数は 2^n である.

定義 3.10 式 (3.63) を n 次の **Hermite 多項式**という.

例 3.5 $H_0(x) = 1, \quad H_1(x) = 2x, \quad H_2(x) = 4x^2 - 2$ ◁

定理 3.11 (直交性)

$$\int_{-\infty}^{\infty} H_m(x) H_n(x) e^{-x^2} dx = 2^n n! \sqrt{\pi} \delta_{mn} \tag{3.64}$$

(証明) まず $n > m$ として直交性を示す. 式 (3.64) の左辺の $H_n(x)$ を式 (3.63) を用いて書き換え, 部分積分と Gauss (ガウス) 積分 $\int_{-\infty}^{\infty} e^{-x^2} dx = \sqrt{\pi}$ と

$$\lim_{x \to \pm\infty} (x \text{ の多項式}) \times e^{-x^2} = 0 \tag{3.65}$$

を用いると

$$\int_{-\infty}^{\infty} H_m(x) H_n(x) e^{-x^2} dx$$
$$= (-1)^n \int_{-\infty}^{\infty} H_m(x) \frac{d^n}{dx^n} e^{-x^2} dx$$

$$= (-1)^n \underbrace{\left[H_m(x)\frac{\mathrm{d}^{n-1}}{\mathrm{d}x^{n-1}}\mathrm{e}^{-x^2}\right]_{-\infty}^{\infty}}_{\text{式 (3.65) より 0}} + (-1)^{n+1}\int_{-\infty}^{\infty}\frac{\mathrm{d}H_m(x)}{\mathrm{d}x}\frac{\mathrm{d}^{n-1}}{\mathrm{d}x^{n-1}}\mathrm{e}^{-x^2}\mathrm{d}x$$

$$= (-1)^{n+1} \underbrace{\left[\frac{\mathrm{d}H_m(x)}{\mathrm{d}x}\frac{\mathrm{d}^{n-2}}{\mathrm{d}x^{n-2}}\mathrm{e}^{-x^2}\right]_{-\infty}^{\infty}}_{\text{式 (3.65) より 0}} + (-1)^{n+2}\int_{-\infty}^{\infty}\frac{\mathrm{d}^2 H_m(x)}{\mathrm{d}x^2}\frac{\mathrm{d}^{n-2}}{\mathrm{d}x^{n-2}}\mathrm{e}^{-x^2}\mathrm{d}x$$

$$= \cdots\cdots\cdots$$

$$= (-1)^{n+m}\underbrace{\left[\frac{\mathrm{d}^m H_m(x)}{\mathrm{d}x^m}\frac{\mathrm{d}^{n-m-1}}{\mathrm{d}x^{n-m-1}}\mathrm{e}^{-x^2}\right]_{-\infty}^{\infty}}_{\text{式 (3.65) より 0}}$$

$$+ (-1)^{n+m+1}\int_{-\infty}^{\infty}\underline{\frac{\mathrm{d}^{m+1} H_m(x)}{\mathrm{d}x^{m+1}}}\frac{\mathrm{d}^{n-m-1}}{\mathrm{d}x^{n-m-1}}\mathrm{e}^{-x^2}\mathrm{d}x = 0 \tag{3.66}$$

となる．最後の行で下線を引いた部分は m 次多項式の $m+1$ 階微分であるためゼロとなる．

次に $n = m$ の場合を示す．前の式と同様に部分積分を繰り返し用いて

$$\int_{-\infty}^{\infty} H_n(x)H_n(x)\mathrm{e}^{-x^2}\mathrm{d}x = (-1)^{n+n-1}\underbrace{\left[\frac{\mathrm{d}^{n-1}H_n(x)}{\mathrm{d}x^{n-1}}\mathrm{e}^{-x^2}\right]_{-\infty}^{\infty}}_{0}$$

$$+ (-1)^{n+n}\int_{-\infty}^{\infty}\underbrace{\frac{\mathrm{d}^n H_n(x)}{\mathrm{d}x^n}}_{\text{定理 3.10 より } 2^n n!}\mathrm{e}^{-x^2}\mathrm{d}x$$

$$= 2^n n!\sqrt{\pi} \tag{3.67}$$

が得られる． ∎

定理 3.12 (正規直交系)

$$\left\{\frac{H_n(x)}{2^{\frac{n}{2}}(n!)^{\frac{1}{2}}\pi^{\frac{1}{4}}}\right\}_{n=0}^{\infty} = \left\{\frac{H_0(x)}{\pi^{\frac{1}{4}}}, \frac{H_1(x)}{2^{\frac{1}{2}}\pi^{\frac{1}{4}}}, \frac{H_2(x)}{2^{\frac{3}{2}}\pi^{\frac{1}{4}}}, \cdots\right\} \tag{3.68}$$

は無限区間 $(-\infty, \infty)$ と重み関数 $w(x) = \mathrm{e}^{-x^2}$ に対する正規直交多項式を与える．

定理 3.13 (完全性)[*4]　区間 $(-\infty, \infty)$ で定義された関数 $f(x)$ のうち，積分

$$\int_{-\infty}^{\infty} f(x)^2 e^{-x^2} dx \tag{3.69}$$

が存在する関数 (二重可積分な関数) に対して，式 (3.68) は完全である．すなわち，Parseval の等式 (3.28) が成り立つ．

例題 3.3

$$f(x) = \begin{cases} 1 & (x > 0) \\ 0 & (x = 0) \\ -1 & (x < 0) \end{cases} \tag{3.70}$$

を Hermite 多項式で展開せよ．　　　　　　　　　　　　　　　　　　◁

(解)　式 (3.70) は奇関数なので，奇数次の多項式のみ展開に寄与する．Fourier 級数 S_∞ は式 (3.29) により

$$S_\infty(x) = \sum_{k=0}^{\infty} c_{2k+1} H_{2k+1}(x), \tag{3.71a}$$

$$c_{2k+1} = \frac{\int_{-\infty}^{\infty} f(x) H_{2k+1}(x) e^{-x^2} dx}{\int_{-\infty}^{\infty} (H_{2k+1}(x))^2 e^{-x^2} dx} = \frac{(-1)^k}{\sqrt{\pi} 2^{2k}(2k+1) k!} \tag{3.71b}$$

で与えられる．分母の積分は式 (3.64) より得られ，分子の積分は $k = 0, 1, 2, \cdots$ として

$$\begin{aligned}
\int_{-\infty}^{\infty} f(x) H_{2k+1}(x) e^{-x^2} dx &= 2 \int_0^{\infty} H_{2k+1}(x) e^{-x^2} dx \\
&= -2 \int_0^{\infty} \frac{d^{2k+1}}{dx^{2k+1}} e^{-x^2} dx \\
&= -2 \left[\frac{d^{2k}}{dx^{2k}} e^{-x^2} \right]_0^{\infty} \\
&= 2 \frac{d^{2k}}{dx^{2k}} e^{-x^2} \bigg|_{x=0} \\
&= \frac{2(-1)^k (2k)!}{k!}
\end{aligned} \tag{3.72}$$

で与えられる．

[*4]　証明は例えば文献 [8] VI 参照．

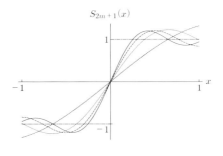

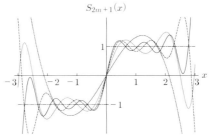

図 3.5 例題 3.3 の $f(x)$ とその Hermite 多項式による展開 $S_{2m+1}(x) \equiv \sum_{k=0}^{m} c_{2k+1} H_{2k+1}(x)$ のうち $m = 1, 5, 9, 13$ としたものの比較．上図は $x \in [-1, 1]$ の範囲，下図は $x \in [-3, 3]$ の範囲を示している．

図 3.5 は $f(x)$ とその多項式展開を有限次で打ち切ったものを示している．上図に関しては例題 3.2 で展開した関数と領域も一致しているが，Hermite 多項式の場合には無限区間 $x \in (-\infty, \infty)$ でもとの関数を最良近似するために，同じ多項式近似でも図 3.3 に示した多項式近似とは異なる結果となっている．下図は上図より広い領域 $x \in [-3, 3]$ で Hermite 多項式による展開ともとの関数を比較したものである．

3.4.3 Laguerre 多項式展開

Laguerre 多項式は区間 $(0, \infty)$ において重み関数 $w(x) = e^{-x} x^\alpha$ $(\alpha > -1)$ のもとで定義される直交多項式である．

定理 3.14 (Laguerre 多項式)

$$L_n^{(\alpha)}(x) = \frac{e^x x^{-\alpha}}{n!} \frac{d^n}{dx^n}(e^{-x} x^{n+\alpha}) \quad (n = 0, 1, 2, \cdots) \tag{3.73}$$

は n 次多項式であり，x^n の係数は $(-1)^n/n!$ である．

定義 3.11 式 (3.73) を n 次の **Laguerre 多項式**という．

例 3.6 $L_0^{(\alpha)} = 1$, $L_1^{(\alpha)} = -x + 1 + \alpha$, $L_2^{(\alpha)} = \frac{1}{2}(x^2 - 2(\alpha+2)x + (\alpha+1)(\alpha+2))$ ◁

定理 3.15 (直交性)

$$\int_0^\infty L_n^{(\alpha)}(x) L_m^{(\alpha)}(x) e^{-x} x^\alpha dx = \frac{\Gamma(\alpha+n+1)}{n!} \delta_{mn} \tag{3.74}$$

(証明) 式 (3.74) の左辺に式 (3.73) を代入し，部分積分とガンマ関数 (式 (3.39)) と

$$\left[(x \text{ の多項式}) \times x^{1+\alpha} e^{-x} \right]_0^\infty = 0 \tag{3.75}$$

を用いる．

まず $n < m$ としたときの直交性は以下のように示される：

$$m! \int_0^\infty L_n^{(\alpha)}(x) L_m^{(\alpha)}(x) x^\alpha e^{-x} dx$$

$$= \int_0^\infty L_n^{(\alpha)}(x) \frac{d^m}{dx^m} x^{m+\alpha} e^{-x} dx$$

$$= \underbrace{\left[L_n^{(\alpha)}(x) \frac{d^{m-1}}{dx^{m-1}} x^{m+\alpha} e^{-x} \right]_0^\infty}_{\text{式 (3.75) より 0}} - \int_0^\infty \frac{dL_n^{(\alpha)}(x)}{dx} \frac{d^{m-1}}{dx^{m-1}} e^{-x} x^{m+\alpha} dx$$

$$= -\underbrace{\left[\frac{dL_n^{(\alpha)}(x)}{dx} \frac{d^{m-2}}{dx^{m-2}} x^{m+\alpha} e^{-x} \right]_0^\infty}_{\text{式 (3.75) より 0}} + \int_0^\infty \frac{d^2 L_n^{(\alpha)}(x)}{dx^2} \frac{d^{m-2}}{dx^{m-2}} e^{-x} x^{m+\alpha} dx$$

$$= \cdots\cdots\cdots$$

$$= (-1)^n \underbrace{\left[\frac{d^n L_n^{(\alpha)}(x)}{dx^n} \frac{d^{m-n-1}}{dx^{m-n-1}} e^{-x} x^{m+\alpha} \right]_0^\infty}_{0}$$

$$+ (-1)^{n+1} \int_0^\infty \underbrace{\frac{\mathrm{d}^{n+1} L_n^{(\alpha)}(x)}{\mathrm{d}x^{n+1}}}_{0} \frac{\mathrm{d}^{m-n-1}}{\mathrm{d}x^{m-n-1}} \mathrm{e}^{-x} x^{m+\alpha} \mathrm{d}x$$

$$= 0. \tag{3.76}$$

次に $n = m$ の場合を示す．前の式と同様に部分積分を繰り返し用いて

$$\int_{-\infty}^\infty L_n^{(\alpha)}(x) L_n^{(\alpha)}(x) \mathrm{e}^{-x} x^\alpha \mathrm{d}x$$

$$= \frac{(-1)^{n-1}}{n!} \underbrace{\left[L_n^{(\alpha)}(x) \frac{\mathrm{d}^{n-1}}{\mathrm{d}x^{n-1}} \mathrm{e}^{-x} x^{n+\alpha} \right]_0^\infty}_{0}$$

$$+ \frac{(-1)^n}{n!} \int_0^\infty \underbrace{\frac{\mathrm{d}^n L_n^{(\alpha)}(x)}{\mathrm{d}x^n}}_{(-1)^n} \mathrm{e}^{-x} x^{n+\alpha} \mathrm{d}x$$

$$= \Gamma(n + \alpha + 1)/n! \tag{3.77}$$

を得る． ∎

定理 3.16 (正規直交系)

$$\left\{ \sqrt{\frac{n!}{\Gamma(n+\alpha+1)}} L_n^{(\alpha)}(x) \right\}_{n=0}^\infty \tag{3.78}$$

は区間 $(0, \infty)$ において重み関数 $w(x) = \mathrm{e}^{-x} x^\alpha$ $(\alpha > -1)$ に対する正規直交多項式を与える．

定理 3.17 (完全性)[*5] 区間 $(0, \infty)$ で定義された関数 $f(x)$ のうち，積分

$$\int_0^\infty f(x)^2 \mathrm{e}^{-x} x^\alpha \mathrm{d}x \tag{3.79}$$

が存在する関数に対して，式 (3.78) は完全である．すなわち，Parseval の等式 (3.28) が成り立つ．

例題 3.4

$$f(x) = x^\nu \quad (\nu > -\alpha) \tag{3.80}$$

[*5] 証明は例えば文献 [8] VI 参照．

をLaguerre多項式で展開せよ． ◁

(解) Fourier級数 S_∞ は式 (3.29) により

$$S_\infty = \sum_{n=0}^\infty c_n L_n^{(\alpha)}(x), \tag{3.81a}$$

$$c_n = \frac{\int_0^\infty x^\nu L_n^{(\alpha)}(x)\mathrm{e}^{-x}x^\alpha \mathrm{d}x}{\int_0^\infty (L_n^{(\alpha)}(x))^2 \mathrm{e}^{-x}x^\alpha \mathrm{d}x} = \frac{(-1)^n \Gamma(\nu+1)\Gamma(\alpha+\nu+1)}{\Gamma(\nu+1-n)\Gamma(\alpha+n+1)} \tag{3.81b}$$

で与えられる．分母の積分は式 (3.77) で与えられ，分子の積分は以下のように求められる．

$$n! \int_0^\infty x^\nu L_n^{(\alpha)}(x)\mathrm{e}^{-x}x^\alpha \mathrm{d}x \tag{3.82}$$

に定義式 (3.73) を代入して部分積分を繰り返し用いると，

$$\begin{aligned}
&\int_0^\infty x^\nu \frac{\mathrm{d}^n}{\mathrm{d}x^n}\mathrm{e}^{-x}x^{n+\alpha}\mathrm{d}x \\
&= \underbrace{\left[x^\nu \frac{\mathrm{d}^{n-1}}{\mathrm{d}x^{n-1}}\mathrm{e}^{-x}x^{n+\alpha}\right]_0^\infty}_{0} - \int_0^\infty \left(\frac{\mathrm{d}x^\nu}{\mathrm{d}x}\right)\frac{\mathrm{d}^{n-1}}{\mathrm{d}x^{n-1}}\mathrm{e}^{-x}x^{n+\alpha}\mathrm{d}x \\
&= -\underbrace{\left[\frac{\mathrm{d}x^\nu}{\mathrm{d}x}\frac{\mathrm{d}^{n-2}}{\mathrm{d}x^{n-2}}\mathrm{e}^{-x}x^{n+\alpha}\right]_0^\infty}_{0} + (-1)^2 \int_0^\infty \left(\frac{\mathrm{d}^2 x^\nu}{\mathrm{d}x^2}\right)\frac{\mathrm{d}^{n-2}}{\mathrm{d}x^{n-2}}\mathrm{e}^{-x}x^{n+\alpha}\mathrm{d}x \\
&= \cdots\cdots\cdots \\
&= (-1)^{n-1}\underbrace{\left[\frac{\mathrm{d}^{n-1}x^\nu}{\mathrm{d}x^{n-1}}\mathrm{e}^{-x}x^{n+\alpha}\right]_0^\infty}_{0} + (-1)^n \int_0^\infty \left(\frac{\mathrm{d}^n x^\nu}{\mathrm{d}x^n}\right)\mathrm{e}^{-x}x^{n+\alpha}\mathrm{d}x \\
&= \frac{(-1)^n \Gamma(\nu+1)}{\Gamma(\nu+1-n)}\int_0^\infty \mathrm{e}^{-x}x^{\alpha+\nu}\mathrm{d}x = \frac{(-1)^n \Gamma(\nu+1)\Gamma(\alpha+\nu+1)}{\Gamma(\nu+1-n)}
\end{aligned} \tag{3.83}$$

が得られる．

図 3.6 は $x^{\frac{1}{2}}$ とそれを $\alpha=1$ の Laguerre 多項式によって展開したものを有限次で打ち切ったものを示している．$x=20$ までだと，$m=10, 30$ までの多項式近似ではもとの関数からのずれが顕著であるが，$m=100$ だと $x^{\frac{1}{2}}$ をおおむね再現している．x がより大きい領域でも多項式近似がよい精度であるためには，より大きい m が求められる．

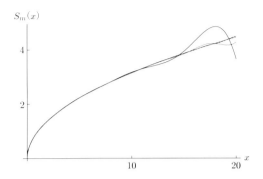

図 3.6 $x^{\frac{1}{2}}$ と $\alpha = 1$ の Laguerre 多項式による展開 $S_m(x) \equiv \sum_{n=0}^{m} c_n L_n^{(1)}(x)$ のうち $m = 10, 30, 100$ としたものの比較.

4 Fourier 変換

本章では，2章で導入した Fourier 級数展開を，無限区間で定義された関数に対する形に拡張することにより Fourier 変換を導入する．さまざまな場面で有用となるデルタ関数を導入し，その性質を学ぶ．のちの 5, 6 章で学ぶ微分方程式の解法で重要となるたたみこみ積分や導関数の Fourier 変換について解説する．

4.1 有限区間から無限区間への極限操作

2章で導入した Fourier 級数展開は，2.11, 2.12 節で拡張したように，任意の区間 $[a, b]$ ($a < b$) で定義された滑らかな関数 $f(x)$ に対して適用できるものであった．ここで定義域 $\ell = b - a$ を大きくすることを考えよう．つまり，$\ell \to \infty$ として，無限区間で定義された滑らかな (非周期) 関数 $f(x)$ を考える．このとき，Fourier 級数展開において $\ell \to \infty$ の極限をとることができるならば，無限区間で定義された関数の級数展開が得られるはずである．実際には，$\ell \to \infty$ の極限では級数和が積分に置き換えられることにより，級数展開ではなく積分の形で与えられることになる．これを Fourier 変換とよぶ．以下ではその極限操作をみていこう．

まず，2.12 節で導入した複素 Fourier 級数展開式 (2.106) から出発する：

$$f(x) \sim \sum_{n=-\infty}^{\infty} C_n \exp\left(\frac{2\pi \mathrm{i} n x}{\ell}\right). \tag{4.1}$$

展開係数 C_n は式 (2.104) で与えられている：

$$C_n = \frac{1}{\ell} \int_a^b f(x) \exp\left(-\frac{2\pi \mathrm{i} n x}{\ell}\right) \mathrm{d}x. \tag{4.2}$$

ここで，周期 $\ell \to \infty$ とする極限操作を考えよう．そのために

$$\frac{2\pi n}{\ell} \equiv \Delta k \, n \equiv k_n \tag{4.3}$$

として，$\Delta k = 2\pi/\ell \to 0$ の極限を考える．式 (4.1) に式 (4.2) を代入したものは

$$f(x) \sim \sum_{n=-\infty}^{\infty} \left\{ \frac{\Delta k}{2\pi} \int_{\frac{a+b}{2} - \frac{\pi}{\Delta k}}^{\frac{a+b}{2} + \frac{\pi}{\Delta k}} f(x') \exp(-\mathrm{i} k_n x') \mathrm{d}x' \right\} \exp(\mathrm{i} k_n x) \tag{4.4}$$

と書けるが，ここで $\Delta k \to 0$ の極限のもとで和を積分に置き換えることにより

$$f(x) \to \int_{-\infty}^{\infty} \frac{dk}{2\pi} \left\{ \int_{-\infty}^{\infty} f(x') e^{-ikx'} dx' \right\} e^{ikx} \tag{4.5}$$

$$\equiv \int_{-\infty}^{\infty} F(k) e^{ikx} dk \tag{4.6}$$

と書き直せそうである．この変形の是非については次節で触れる．ここで，式 (4.6) における $F(k)$ は

$$F(k) = \frac{1}{2\pi} \int_{-\infty}^{\infty} f(x) e^{-ikx} dx \tag{4.7}$$

と与えられる．式 (4.6) は，無限区間で定義された $f(x)$ が，関数 $F(k)$ の積分の形で得られることを示している．

定義 4.1 式 (4.7) で与えられる $F(k)$ のことを $f(x)$ の **Fourier 変換**とよぶ．以下では，$f(x)$ に対して Fourier 変換を施す演算を

$$\mathcal{F}[f(x)](k) = F(k) \tag{4.8}$$

と書き表すことにする．また，式 (4.6) のことを **Fourier 逆変換**とよび，以下では $\mathcal{F}^{-1}[f(x)](k)$ と表す[*1]．

以上の議論から，ここで積分の形で導入された Fourier 変換は，有限区間で定義された関数に対する複素 Fourier 級数展開を，無限区間で定義された (非周期) 関数へ拡張したものとみなすことができる．

4.2 Fourier 変換とその収束性

式 (4.4) から式 (4.5) への変形は形式的なもので，式 (4.5) の積分が常にもとの関数 $f(x)$ を表すとは限らない．では，$f(x)$ がどんな関数であれば Fourier 逆変換 (4.5) がもとの関数に一致するであろうか．実は，実用上重要となるほとんどの関数が満たしている二つの条件のもとでは，Fourier 変換が実行可能であることが示されている．それを定理の形にまとめたものが以下の **Fourier の積分定理**とよばれるものである[*2]．

[*1] $1/(2\pi)$ の因子については，Fourier 変換と逆変換の両方に $1/\sqrt{2\pi}$ ずつ割り振る定義や，逆変換のほうに $1/(2\pi)$ を割り振る定義もよく使われる．

[*2] 証明は参考文献 [6] IV §2 参照．

定理 4.1 (Fourier の積分定理) 関数 $f(x)$ が

(1) 全区間 $(-\infty, +\infty)$ で区分的に滑らか (定義 2.5 参照)
(2) 絶対積分可能 ($\int_{-\infty}^{+\infty} |f(x)|\mathrm{d}x$ が収束する)

の二つの条件を満たすならば，その Fourier 変換は

- $f(x)$ が連続な点 x では $f(x)$ に一致する．
- $f(x)$ が不連続な点 x では

$$\frac{1}{2}\{f(x+0) + f(x-0)\} = \frac{1}{2}\left\{\lim_{\epsilon \to 0} f(x+\epsilon) + \lim_{\epsilon \to 0} f(x-\epsilon)\right\} \tag{4.9}$$

に一致する．

　条件 (1) より，$f(x)$ は全区間で連続である必要はない．このことは実用上重要である．次節では，実際に不連続関数に対する Fourier 変換・逆変換の例を示し，Fourier 逆変換で求めた積分が上記の Fourier の積分定理の形でもとの関数 $f(x)$ に一致することをみる．

4.3 いくつかの関数の Fourier 変換

　この節では，いくつか代表的な関数の Fourier 変換の計算例を示す．まずは，Fourier の積分定理を確認する意味も含めて，不連続関数の例をみてみよう．

例 4.1

$$f(x) = \begin{cases} 1/a & (|x| \leq a) \\ 0 & (|x| > a) \end{cases} \tag{4.10}$$

ただし $a > 0$ [図 4.1(a)]．これは明らかに Fourier の積分定理の二つの条件を満たしている．

　式 (4.7) の定義に従って Fourier 変換を計算してみると

$$\begin{aligned} F(k) &= \frac{1}{2\pi}\int_{-a}^{a} \frac{1}{a} e^{-\mathrm{i}kx} \mathrm{d}x = \frac{1}{\pi}\int_{0}^{a} \frac{1}{a}\cos kx\, \mathrm{d}x \\ &= \frac{1}{\pi a}\left[\frac{\sin kx}{k}\right]_0^a = \frac{1}{\pi}\frac{\sin ka}{ka} \end{aligned} \tag{4.11}$$

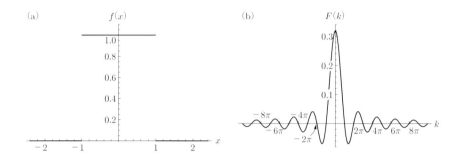

図 4.1 例 4.1 の (a) $f(x)$ と (b) $F(k)$. ただし $a = 1$ としている.

となる. $F(k)$ は図 4.1(b) に示すとおり, 原点を中心にした減衰振動する関数で, a を大きくすると振動と減衰が激しくなる. $a \to \infty$ の極限形は, のちに 4.5 節で触れるデルタ関数と密接な関係がある.

ここで, Fourier 逆変換を計算して, 前節に示した Fourier の積分定理が成り立つことを確認してみよう. 式 (4.6) に式 (4.11) を用いると

$$
\begin{aligned}
\int_{-\infty}^{\infty} F(k) e^{ikx} dx &= \int_{-\infty}^{\infty} \frac{1}{\pi} \frac{\sin ka}{ka} e^{ikx} dk \\
&= \frac{1}{2\pi i} \int_{-\infty}^{\infty} \frac{1}{ka} \left(e^{ik(x+a)} - e^{ik(x-a)} \right) dk \quad (4.12)
\end{aligned}
$$

と書ける.

ここで計算の便宜上,

$$
f_{\pm}(x) = \frac{1}{2\pi i} \int_{-\infty}^{\infty} \frac{1}{ka} \left(e^{ik(x \pm a)} - 1 \right) dk \quad (4.13)
$$

として式 (4.12) を $f_+(x) - f_-(x)$ と書くことにする. ここで, 積分が発散しないように被積分関数に -1 を導入した. この $f_{\pm}(x)$ の虚部は, 被積分関数が k の奇関数であることからゼロとなる. 一方で実部は

$$
\mathrm{Re} f_{\pm}(x) = \frac{1}{2\pi} \int_{-\infty}^{\infty} \frac{\sin k(x \pm a)}{ka} dk = \frac{1}{2a} \mathrm{sgn}(x \pm a) \quad (4.14)
$$

となることが知られている. ここで $\mathrm{sgn}(x)$ は符号関数とよばれ, $x > 0$ では 1, $x = 0$ では 0, $x < 0$ では -1 の値をとる関数である.

以上の計算より, 式 (4.12) から

$$\frac{1}{2a}\bigl\{\mathrm{sgn}(x+a)-\mathrm{sgn}(x-a)\bigr\}=\begin{cases} 1/a & (|x|<a) \\ 1/2a & (|x|=a) \\ 0 & (|x|>a) \end{cases} \quad (4.15)$$

が得られる．したがって，Fourier 逆変換によって求めた $f(x)$ は，$f(x)$ が連続な点 $x\neq\pm a$ においては $f(x)$ に一致し，$f(x)$ が不連続な $x=\pm a$ においては

$$\frac{1}{2}\bigl\{f(\pm a+0)+f(\pm a-0)\bigr\}=\frac{1}{2a} \quad (4.16)$$

に一致することから，たしかに Fourier の積分定理 4.1 の式 (4.9) が成り立っていることが確認できる． ◁

ところで，式 (4.12) に $x=0$ を代入することで

$$\int_{-\infty}^{\infty}\frac{1}{\pi}\frac{\sin ka}{ka}\mathrm{d}k=f(0) \quad (4.17)$$

を得る．これはもとの $f(x)$ の定義から $1/a$ に等しい．この関係式に $a=1$ を代入すると

$$\int_{-\infty}^{\infty}\frac{\sin k}{k}\mathrm{d}k=\pi \quad (4.18)$$

という式が得られる[*3]．

以下では，二つの重要な関数に対する Fourier 変換を計算しておこう．

例 4.2 (指数関数の Fourier 変換)

$$f(x)=\exp(-a|x|) \quad (4.19)$$

ただし a は正の実数 [図 4.2(a)]．Fourier 変換を計算してみると

$$\begin{aligned} F(k)&=\frac{1}{2\pi}\int_{-\infty}^{\infty}\mathrm{e}^{-a|x|}\mathrm{e}^{-\mathrm{i}kx}\mathrm{d}x \\ &=\frac{1}{2\pi}\left\{\int_{0}^{\infty}\mathrm{e}^{-(a+\mathrm{i}k)x}\mathrm{d}x+\int_{-\infty}^{0}\mathrm{e}^{(a-\mathrm{i}k)x}\mathrm{d}x\right\} \\ &=\frac{1}{2\pi}\left\{\left[-\frac{\mathrm{e}^{-(a+\mathrm{i}k)x}}{a+\mathrm{i}k}\right]_{0}^{\infty}+\left[\frac{\mathrm{e}^{(a-\mathrm{i}k)x}}{a-\mathrm{i}k}\right]_{-\infty}^{0}\right\} \end{aligned}$$

[*3] $\int_{0}^{\infty}\frac{\sin k}{k}\mathrm{d}k=\frac{\pi}{2}$ は **Dirichlet** (ディリクレ) 積分とよばれる．

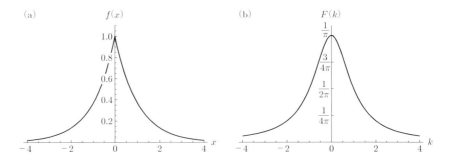

図 **4.2** 例 4.2 の (a) $f(x)$ と (b) $F(k)$. ただし $a=1$ としている.

$$\begin{aligned}&= \frac{1}{2\pi}\left(\frac{1}{a+\mathrm{i}k}+\frac{1}{a-\mathrm{i}k}\right)\\&=\frac{1}{\pi}\frac{a}{a^2+k^2}\end{aligned} \qquad (4.20)$$

となる.したがって,指数関数の Fourier 変換は Lorentz (ローレンツ) 関数となることがわかる [図 4.2(b) 参照]. ◁

例 4.3 (Gauss 関数の Fourier 変換)

$$f(x) = \exp\left(-\frac{1}{2}a^2 x^2\right) \qquad (4.21)$$

[図 4.3(a)]. この Fourier 変換は

$$F(k) = \frac{1}{2\pi}\int_{-\infty}^{\infty}\exp\left(-\frac{1}{2}a^2 x^2\right)\exp(-\mathrm{i}kx)\,\mathrm{d}x$$

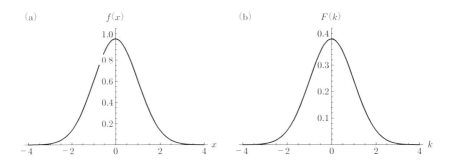

図 **4.3** 例 4.3 の (a) $f(x)$ と (b) $F(k)$. ただし $a=1$ としている.

$$= \frac{1}{2\pi} \int_{-\infty}^{\infty} \exp\left\{-\frac{1}{2}a^2\left(x + \frac{\mathrm{i}k}{a^2}\right)^2 - \frac{k^2}{2a^2}\right\} \mathrm{d}x$$

$$= \frac{1}{\sqrt{2\pi}a} \exp\left(-\frac{k^2}{2a^2}\right) \tag{4.22}$$

となる.したがって,Gauss 関数の Fourier 変換は Gauss 関数となることがわかる [図 4.3(b) 参照].式 (4.22) の積分は複素積分を用いることによって簡単に求めることができるが,ここではその計算の詳細は割愛する. ◁

4.4 基本的な性質

この節では Fourier 変換が満たす基本的な性質を説明する.

(1) 複素共役:式 (4.7) の定義より明らかに

$$F^*(k) = F(-k) \tag{4.23}$$

(2) 線形性:関数 $f(x), g(x)$ に対して,α, β を定数として

$$\mathcal{F}[\alpha f(x) + \beta g(x)] = \alpha \mathcal{F}[f(x)] + \beta \mathcal{F}[g(x)] \tag{4.24}$$

定義より簡単に示せるので証明は略.

(3) x の定数倍:実定数 α に対して

$$\mathcal{F}[f(\alpha x)](k) = \frac{1}{|\alpha|} F\left(\frac{k}{\alpha}\right) \tag{4.25}$$

(証明) 式 (4.7) の定義より

$$\mathcal{F}[f(\alpha x)](k) = \frac{1}{2\pi} \int_{-\infty}^{\infty} f(\alpha x) \mathrm{e}^{-\mathrm{i}kx} \mathrm{d}x \tag{4.26}$$

ここで $\alpha x = x'$ と変数変換して

$$\mathcal{F}[f(\alpha x)](k) = \frac{1}{2\pi} \int_{-\infty \times \mathrm{sgn}(\alpha)}^{\infty \times \mathrm{sgn}(\alpha)} f(x') \exp\left(-\mathrm{i}\frac{k}{\alpha}x'\right) \frac{\mathrm{d}x'}{\alpha}$$

$$= \frac{1}{|\alpha|} F\left(\frac{k}{\alpha}\right) \tag{4.27}$$

■

(4) x に関する並進:実定数 α に対して

$$\mathcal{F}[f(x-\alpha)] = \mathrm{e}^{-\mathrm{i}k\alpha}F(k) \tag{4.28}$$

(証明)

$$\mathcal{F}[f(x-\alpha)] = \frac{1}{2\pi}\int_{-\infty}^{\infty} f(x-\alpha)\mathrm{e}^{-\mathrm{i}kx}\mathrm{d}x \tag{4.29}$$

ここで $x-\alpha = x'$ と変数変換して

$$\mathcal{F}[f(x-\alpha)] = \frac{1}{2\pi}\int_{-\infty}^{\infty} f(x')\mathrm{e}^{-\mathrm{i}k(x'+\alpha)}\mathrm{d}x'$$

$$= \mathrm{e}^{-\mathrm{i}k\alpha}F(k) \tag{4.30}$$

∎

4.5 デルタ関数

さまざまな場面において,あるパラメータにおける関数値を積分演算の形で得ることが有用となる.そのような,関数 $f(x)$ の"瞬間的な"値を抽出する演算操作を次の積分で定義しよう:

$$f(x) = \int_{-\infty}^{\infty} f(x')\,\delta(x-x')\,\mathrm{d}x'. \tag{4.31}$$

定義 4.2 式 (4.31) に現れる $\delta(x)$ を**デルタ関数**とよぶ.

ここで,Fourier 逆変換を用いて $\delta(x)$ の具体的な関数形を考えてみよう.式 (4.5) より

$$f(x) \sim \int_{-\infty}^{\infty} \left\{ \frac{1}{2\pi}\int_{-\infty}^{\infty} f(x')\mathrm{e}^{-\mathrm{i}kx'}\mathrm{d}x' \right\} \mathrm{e}^{\mathrm{i}kx}\mathrm{d}k$$

$$= \int_{-\infty}^{\infty} \mathrm{d}x'\, f(x')\, \frac{1}{2\pi}\int_{-\infty}^{\infty} \mathrm{e}^{\mathrm{i}k(x-x')}\mathrm{d}k \tag{4.32}$$

と書ける.これを式 (4.31) と比較すると

$$\delta(x) = \frac{1}{2\pi}\int_{-\infty}^{\infty} \mathrm{e}^{\mathrm{i}kx}\mathrm{d}k \tag{4.33}$$

という対応がみてとれる.このことから,デルタ関数 $\delta(x)$ として式 (4.33) を用いることができそうである.

しかし実際には，この積分は

$$\lim_{a\to\infty}\frac{1}{2\pi}\int_{-a}^{a}e^{ikx}dk = \lim_{a\to\infty}\frac{1}{2\pi}\frac{e^{iax}-e^{-iax}}{ix} = \lim_{a\to\infty}\frac{\sin ax}{\pi x} \quad (4.34)$$

となることからわかるとおり，$a\to\infty$ の極限値が存在しない．したがって，デルタ関数 $\delta(x)$ を形式的に

$$\delta(x) = \frac{1}{2\pi}\int_{-\infty}^{\infty}e^{ikx}dk = \lim_{a\to\infty}\frac{\sin ax}{\pi x} \quad (4.35)$$

と考えることはできるが，あくまでもこの積分自体は意味をもたず，$\delta(x)$ が式 (4.31) のような積分の中にあって初めて意味をもつと考える必要がある[*4]．

4.5.1 デルタ関数のさまざまな関数形

上記の議論からも示唆されるように，デルタ関数としてはさまざまな関数形を考えることができる．以下にいくつか例を示す．

(1) 指数関数形 [式 (4.35) と同じ]

$$\delta(x) = \frac{1}{2\pi}\int_{-\infty}^{\infty}e^{ikx}dk = \lim_{a\to\infty}\frac{\sin ax}{\pi x} \quad (4.36)$$

図 4.4 にいくつかの a の値に対する式 (4.36) の関数形を示した．

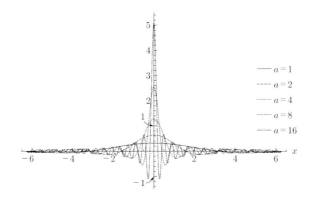

図 **4.4** デルタ関数の指数関数形 [式 (4.36)]．

[*4] このような性質をもつ関数を超関数とよぶ．

(2) Gauss 形

$$\delta(x) = \lim_{n\to\infty} \sqrt{\frac{n}{\pi}}\, \mathrm{e}^{-nx^2} \tag{4.37}$$

図 4.5 にいくつかの n の値に対する式 (4.37) の関数形を示した．

(3) Lorentz 形

$$\delta(x) = \lim_{\epsilon\to+0} \frac{1}{\pi} \frac{\epsilon}{x^2+\epsilon^2} \tag{4.38}$$

図 4.6 にいくつかの ϵ の値に対する式 (4.38) の関数形を示した．

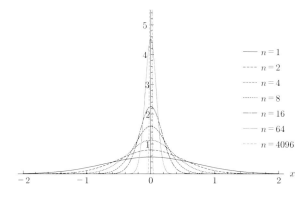

図 **4.5** デルタ関数の Gauss 形 [式 (4.37)]．

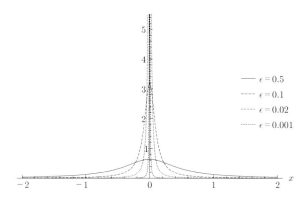

図 **4.6** デルタ関数の Lorentz 形 [式 (4.38)]．

いずれの形も，極限をとることによって，$x=0$ のピークが鋭くなる (ピーク値が発散的に増大して幅がゼロに近づく) とともに，$x=0$ 以外での値が急激に小さくなることがみてとれる (指数関数形の場合には，振動が激しくなることで積分値が急激に小さくなる)．こうした振る舞いは，式 (4.31) で導入した，関数の瞬間的な値を抽出する形式に対応している．

4.5.2 デルタ関数の性質

以下にデルタ関数が満たす基本的な性質をまとめておく．

(1) デルタ関数 $\delta(x)$ は $x=0$ でのみ値をもつ偶関数である：
$$\delta(x \neq 0) = 0, \quad \delta(-x) = \delta(x). \tag{4.39}$$

(2) デルタ関数の積分は 1 を与える：
$$\int_{-\infty}^{\infty} \delta(x)\,\mathrm{d}x = 1. \tag{4.40}$$

(3) デルタ関数の Fourier 変換：
$$\mathcal{F}[\delta(x-x')] = \frac{1}{2\pi}\mathrm{e}^{-\mathrm{i}kx'}. \tag{4.41}$$

特に
$$\mathcal{F}[\delta(x)] = \frac{1}{2\pi}. \tag{4.42}$$

例えばこれらのことは，式 (4.33) を用いて
$$\delta(x-x') = \frac{1}{2\pi}\int_{-\infty}^{\infty} \mathrm{e}^{\mathrm{i}k(x-x')}\mathrm{d}k = \int_{-\infty}^{\infty}\left(\frac{1}{2\pi}\mathrm{e}^{-\mathrm{i}kx'}\right)\mathrm{e}^{\mathrm{i}kx}\mathrm{d}k \tag{4.43}$$

となることから確認できる．

(4) デルタ関数の微分 $\delta'(x)$：部分積分を用いることにより
$$\begin{aligned}\int_{-\infty}^{\infty} f(x)\,\delta'(x)\,\mathrm{d}x &= \Big[f(x)\,\delta(x)\Big]_{-\infty}^{\infty} - \int_{-\infty}^{\infty} f'(x)\,\delta(x)\,\mathrm{d}x \\ &= -f'(0)\end{aligned} \tag{4.44}$$

となることからわかるとおり，$\delta'(x)$ は関数の微分値を抽出する．

n 階微分 $\delta^{(n)}(x)$ についても同様に以下の式が成り立つ：

$$\int_{-\infty}^{\infty} f(x)\,\delta^{(n)}(x)\,\mathrm{d}x = (-1)^n f^{(n)}(0). \tag{4.45}$$

(5) Heaviside (ヘヴィサイド) 関数との関係：Heaviside 関数は以下のように定義される，階段的に値が変化する関数である[*5]．

$$H(x) = \begin{cases} 0 & (x < 0) \\ 1 & (x > 0) \end{cases} \tag{4.46}$$

この Heaviside 関数とデルタ関数の関係は以下のとおり．

$$\int_{-\infty}^{x} \delta(x')\,\mathrm{d}x' = H(x) \tag{4.47}$$

$$\frac{\mathrm{d}}{\mathrm{d}x} H(x) = \delta(x) \tag{4.48}$$

（証明）式 (4.47) は上記の性質 (1), (2) より明らか．式 (4.48) は

$$\begin{aligned}\int_{-\infty}^{\infty} f(x)\,\frac{\mathrm{d}}{\mathrm{d}x} H(x)\,\mathrm{d}x &= \Big[f(x)H(x)\Big]_{-\infty}^{\infty} - \int_{-\infty}^{\infty} f'(x)H(x)\mathrm{d}x \\ &= \Big[f(x)H(x)\Big]_{-\infty}^{\infty} - \Big[f(x)\Big]_{0}^{\infty} \\ &= f(\infty)(H(\infty)-1) - f(-\infty)H(-\infty) + f(0) \\ &= f(0) \end{aligned} \tag{4.49}$$

となることより，デルタ関数と同じ役割を果たすことがわかる． ∎

4.6　たたみこみ積分の Fourier 変換

本節では，微分方程式を解く際など，さまざまな応用の場面で重要となるたたみこみ積分 (合成積) について説明する．

定義 4.3 (たたみこみ積分) 関数 f と g のたたみこみ積分は以下の式で定義される：

$$f \star g \equiv \int_{-\infty}^{\infty} f(x-y)\,g(y)\,\mathrm{d}y. \tag{4.50}$$

[*5] 通常 $x=0$ での値は定義しない．$x=0$ での値を 1 としたものは単位階段関数とよぶ．

4.6 たたみこみ積分の Fourier 変換

たたみこみ積分は f と g の順番を入れ替えても値が変わらない (可換). これは簡単な変数変換により

$$g \star f = \int_{-\infty}^{\infty} g(x-y)\,f(y)\,\mathrm{d}y = \int_{-\infty}^{\infty} g(s)\,f(x-s)\,\mathrm{d}s = f \star g \tag{4.51}$$

と示すことができる.

定理 4.2 (**たたみこみ積分の Fourier 変換**) 関数 f と g のたたみこみ積分の Fourier 変換は，以下のように各々の Fourier 変換の積に 2π を掛けたもので与えられる：

$$\mathcal{F}[f \star g] = 2\pi \mathcal{F}[f]\,\mathcal{F}[g] = 2\pi F(k)G(k). \tag{4.52}$$

(**証明**) 式 (4.7) の定義より

$$\mathcal{F}[f \star g] = \frac{1}{2\pi} \int_{-\infty}^{\infty} \left\{ \int_{-\infty}^{\infty} f(x-y)\,g(y)\mathrm{d}y \right\} \mathrm{e}^{-\mathrm{i}kx}\mathrm{d}x \tag{4.53}$$

ここで $x - y = s$ として

$$\begin{aligned}
\mathcal{F}[f \star g] &= \frac{1}{2\pi} \int_{-\infty}^{\infty} \int_{-\infty}^{\infty} f(s)\,g(y)\,\mathrm{e}^{-\mathrm{i}k(s+y)}\mathrm{d}y\,\mathrm{d}s \\
&= \frac{1}{2\pi} \int_{-\infty}^{\infty} f(s)\,\mathrm{e}^{-\mathrm{i}ks}\,\mathrm{d}s \int_{-\infty}^{\infty} g(y)\,\mathrm{e}^{-\mathrm{i}ky}\,\mathrm{d}y \\
&= 2\pi F(k)G(k) \tag{4.54}
\end{aligned}$$

となって，式 (4.52) が得られる. ∎

Fourier 逆変換も計算してみよう：

$$\mathcal{F}^{-1}[2\pi F(k)G(k)] = 2\pi \int_{-\infty}^{\infty} F(k)G(k)\,\mathrm{e}^{\mathrm{i}kx}\mathrm{d}k. \tag{4.55}$$

デルタ関数とともにダミーの積分変数 k' を導入することにより

$$\mathcal{F}^{-1}[2\pi F(k)G(k)] = 2\pi \int_{-\infty}^{\infty} \left\{ \int_{-\infty}^{\infty} F(k)G(k')\delta(k-k')\,\mathrm{d}k' \right\} \mathrm{e}^{\mathrm{i}kx}\mathrm{d}k. \tag{4.56}$$

デルタ関数の定義式 (4.35) を用いて

$$\begin{aligned}
&\mathcal{F}^{-1}[2\pi F(k)G(k)] \\
&= 2\pi \int_{-\infty}^{\infty} \left[\int_{-\infty}^{\infty} F(k)G(k') \left\{ \frac{1}{2\pi} \int_{-\infty}^{\infty} \mathrm{e}^{-\mathrm{i}(k-k')y}\mathrm{d}y \right\} \mathrm{d}k' \right] \mathrm{e}^{\mathrm{i}kx}\mathrm{d}k
\end{aligned}$$

$$= \int_{-\infty}^{\infty} \left\{ \int_{-\infty}^{\infty} F(k) \mathrm{e}^{\mathrm{i}k(x-y)} \mathrm{d}k \right\} \left\{ \int_{-\infty}^{\infty} G(k') \mathrm{e}^{\mathrm{i}k'y} \mathrm{d}k' \right\} \mathrm{d}y$$
$$= \int_{-\infty}^{\infty} f(x-y)\, g(y)\, \mathrm{d}y = f \star g \tag{4.57}$$

となり，たしかにたたみこみ積分が得られることが確認できる．

定理 4.3 (積の Fourier 変換) 上の計算から示唆されるように，関数の積の Fourier 変換は Fourier 変換のたたみこみ積分で与えられる：

$$\mathcal{F}[f(x)g(x)] = F \star G. \tag{4.58}$$

(証明)
$$\begin{aligned}
\mathcal{F}[f(x)g(x)] &= \frac{1}{2\pi} \int_{-\infty}^{\infty} f(x)g(x)\mathrm{e}^{-\mathrm{i}kx} \mathrm{d}x \\
&= \frac{1}{2\pi} \int_{-\infty}^{\infty} f(x) \left\{ \int_{-\infty}^{\infty} G(k') \mathrm{e}^{\mathrm{i}k'x} \mathrm{d}k' \right\} \mathrm{e}^{-\mathrm{i}kx} \mathrm{d}x \\
&= \int_{-\infty}^{\infty} \left\{ \frac{1}{2\pi} \int_{-\infty}^{\infty} \mathrm{d}x\, \mathrm{e}^{-\mathrm{i}(k-k')x} f(x) \right\} G(k') \mathrm{d}k' \\
&= \int_{-\infty}^{\infty} F(k-k') G(k')\, \mathrm{d}k' = F \star G \end{aligned} \tag{4.59}$$

∎

つまり，たたみこみ積分と関数の積は Fourier 変換・逆変換で行き来することができる．

定理 4.4 (Parseval の等式) 式 (4.59) で $f(x) = g(x)$ として $k = 0$ とおくことにより以下の関係式が得られる：

$$\frac{1}{2\pi} \int_{-\infty}^{\infty} \{f(x)\}^2 \mathrm{d}x = \int_{-\infty}^{\infty} F(k')F(-k')\mathrm{d}k' = \int_{-\infty}^{\infty} |F(k)|^2 \mathrm{d}k. \tag{4.60}$$

ただしここで式 (4.23) を用いた．

4.7 導関数の Fourier 変換

前節のたたみこみ積分と並んで，導関数の Fourier 変換も応用上重要である．

定理 4.5 (導関数の Fourier 変換) $f(x)$ の導関数 $f'(x)$ の Fourier 変換は以下の式で与えられる：

$$\mathcal{F}[f'(x)] = \mathrm{i}k\, F(k). \tag{4.61}$$

(証明) 部分積分を用いて

$$\begin{aligned}
\mathcal{F}[f'(x)] &= \frac{1}{2\pi} \int_{-\infty}^{\infty} f'(x) \mathrm{e}^{-\mathrm{i}kx} \mathrm{d}x \\
&= \frac{1}{2\pi} \left[f(x) \mathrm{e}^{-\mathrm{i}kx} \right]_{-\infty}^{\infty} - \frac{1}{2\pi} \int_{-\infty}^{\infty} f(x)(-\mathrm{i}k) \mathrm{e}^{-\mathrm{i}kx} \mathrm{d}x \\
&= \mathrm{i}k \frac{1}{2\pi} \int_{-\infty}^{\infty} f(x) \mathrm{e}^{-\mathrm{i}kx} \mathrm{d}x = \mathrm{i}k\, F(k)
\end{aligned} \tag{4.62}$$

ただし，$x \to \pm\infty$ で $f(x) \to 0$ を用いた． ∎

4.8 Fourier 変換の応用

本章で学んだ Fourier 変換の応用として，常微分方程式の解法への適用例を示す．ただし，Fourier 変換の常微分方程式への応用は 1 次元無限系に限られるので，一つの典型例を解説するにとどめる．

例題 4.1 微分方程式

$$-\frac{\mathrm{d}^2 u(x)}{\mathrm{d}x^2} + \kappa^2 u(x) = f(x) \quad (x \in (-\infty, \infty)) \tag{4.63}$$

を境界条件 $u(\pm\infty) = u'(\pm\infty) = 0$ のもとで解け．ただし $f(x)$ は Fourier 変換可能であるとする．また $\kappa > 0$ とする． ◁

(解) 式 (4.61) より $\mathcal{F}[u''] = -k^2 \mathcal{F}[u]$ であるから式 (4.63) を Fourier 変換することにより，

$$\mathcal{F}[u] = \frac{\mathcal{F}[f]}{k^2 + \kappa^2} \tag{4.64}$$

が得られる．式 (4.64) を Fourier 逆変換すると，左辺は $u(x)$，右辺は式 (4.52) より $f(x)$ と $1/(k^2+\kappa^2)$ の Fourier 逆変換のたたみこみ積分に $1/(2\pi)$ を掛けたものとなる．ここで例 4.2 より，Lorentz 関数の Fourier 逆変換は

$$\mathcal{F}^{-1}\left[\frac{1}{k^2 + \kappa^2} \right] = \frac{\pi}{\kappa} \mathrm{e}^{-\kappa|x|} \tag{4.65}$$

と指数関数で与えられることを思い出すと

$$u(x) = \frac{1}{2\kappa} \int_{-\infty}^{\infty} \mathrm{e}^{-\kappa|x-\xi|} f(\xi) \mathrm{d}\xi \tag{4.66}$$

という形で式 (4.63) の解が得られることがわかる.

5 常微分方程式の Green 関数と Fourier 解析

ここでは線形常微分方程式の境界値問題の, Green (グリーン) 関数を用いた解法を取り上げる. Fourier 級数展開との関連を通して, Green 関数の意味や特徴を説明する.

5.1 2 階線形常微分方程式の境界値問題

2 階常微分方程式としてこの章では以下のタイプのものを考える:

$$\mathcal{K}[u](x) \equiv \frac{\mathrm{d}}{\mathrm{d}x}\left(p(x)\frac{\mathrm{d}u(x)}{\mathrm{d}x}\right) - q(x)u(x) = -f(x) \quad (x \in [a,b]). \tag{5.1}$$

ここで $p(x)$ は $x \in (a,b)$ において常に正の値をとる実連続関数である. 演算子 $\mathcal{K}$ が線形であることから, このタイプの常微分方程式を線形微分方程式という. さらに $f = 0$ のときを同次微分方程式, $f \neq 0$ のときを非同次微分方程式という. 演算子 $\mathcal{K}$ が 2 階微分を含むが, 3 階以上の高階微分を含まないから, 式 (5.1) の解は一般に二つの積分定数を含む. ここでは積分定数の任意性をのぞくため, 領域の両端, すなわち境界 $x = a, b$ における $u(x)$ または $u'(x)$ に対する条件 (**境界条件**) を課す. 境界条件を満たす解を求める問題を**境界値問題**という. 境界条件としては以下のものを考える.

- 第一種境界条件 (Dirichlet 型境界条件)

$$u(a) = c_a^{(1)}, \quad u(b) = c_b^{(1)} \tag{5.2}$$

- 第二種境界条件 (Neumann (ノイマン) 型境界条件)

$$u'(a) = c_a^{(2)}, \quad u'(b) = c_b^{(2)} \tag{5.3}$$

- 第三種境界条件

$$\alpha_a u(a) + \beta_a u'(a) = c_a^{(3)}, \quad \alpha_b u(b) + \beta_b u'(b) = c_b^{(3)} \tag{5.4}$$

さらに,第一種,第二種,第三種境界条件において $c_a^{(i)} = c_b^{(i)} = 0 \ (i = 1, 2, 3)$ となるとき,これらを同次境界条件という.それ以外の場合を非同次境界条件という.

例 5.1 4.8 節で扱った例題 4.1 は $\mathcal{K}[u] = \frac{\mathrm{d}^2 u}{\mathrm{d} x^2} - \kappa^2 u, (a, b) = (-\infty, \infty)$ の場合の例となっている. ◁

5.2 Green 関数

4.8 節で扱った例題 4.1 の式 (4.66) の有用な点は,非同次項 $f(x)$ の関数形が具体的に定まっていなくても境界値問題の解の表式が得られている点にある.この形を得る上で,求めるべきは

$$\frac{\mathrm{e}^{-\kappa |x - \xi|}}{2\kappa} \tag{5.5}$$

の部分である.式 (4.66) からわかるとおり,これは $f(x) = \delta(x - \xi)$ のときの境界値問題の解となっている.

一般に同次境界条件のもとでの

$$\mathcal{K}[G(x; \xi)](x) = -\delta(x - \xi) \quad (\xi \in (a, b)) \tag{5.6}$$

を満たす $G(x; \xi)$ が存在する場合,これを **Green 関数**という.また境界条件を満たすか否かは問わずに式 (5.6) を満たす $G(x; \xi) = G_0(x; \xi)$ を**主要解**という.

ある同次境界条件のもとで式 (5.1) の境界値問題を考える.同じ同次境界条件を満たす Green 関数が存在する場合には,

$$u(x) = \int_{-\infty}^{\infty} G(x; \xi) f(\xi) \mathrm{d}\xi \tag{5.7}$$

が求めるべき解であることがわかる.実際

$$\begin{aligned}
\mathcal{K}\left[\int_{-\infty}^{\infty} G(x; \xi) f(\xi) \mathrm{d}\xi\right] &= \int_{-\infty}^{\infty} \mathcal{K}\left[G(x; \xi)\right] f(\xi) \mathrm{d}\xi \\
&= -\int_{-\infty}^{\infty} \delta(x - \xi) f(\xi) \mathrm{d}\xi = -f(x)
\end{aligned} \tag{5.8}$$

から,これを確かめることができる.

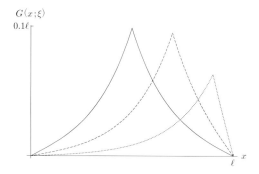

図 5.1 例 5.2 の Green 関数 (5.12). $\kappa\ell = 5$ とした.
左から $\xi = 0.5, 0.7, 0.9$ の場合を表す.

例 5.2 境界条件 $u(0) = u(\ell) = 0$ のもとでの非同次線形微分方程式

$$\mathcal{K}[u] = \frac{d^2 u}{dx^2} - \kappa^2 u = -f(x) \quad (x \in (0, \ell)) \tag{5.9}$$

に対する主要解 $G_0(x; \xi)$ は,例題 4.1 と同じ $\mathcal{K}$ だが異なる境界条件に対する Green 関数 (5.5) で与えられる.これと,$f(x) = 0$ とした同次方程式の一般解の和も式 (5.9) を満たすので主要解である.そこで Green 関数を

$$G(x; \xi) = \alpha e^{\kappa x} + \beta e^{-\kappa x} + \frac{e^{-\kappa |x-\xi|}}{2\kappa} \tag{5.10}$$

とおき,定数 α, β を境界条件 $G(0; \xi) = G(\ell; \xi) = 0$ から決めると

$$\alpha = -\frac{e^{-\kappa\ell}\sinh(\kappa\xi)}{2\kappa\sinh(\kappa\ell)}, \quad \beta = -\frac{\sinh(\kappa(\ell-\xi))}{2\kappa\sinh(\kappa\ell)} \tag{5.11}$$

となる.これを用いて式 (5.10) を整理すると

$$G(x; \xi) = \frac{\cosh\bigl(\kappa(|x-\xi|-\ell)\bigr) - \cosh\bigl(\kappa(x+\xi-\ell)\bigr)}{2\kappa\sinh(\kappa\ell)} \tag{5.12}$$

が得られる (図 5.1). ◁

例 5.3 境界条件 $u'(0) = u'(\ell) = 0$ のもとでの非同次線形微分方程式

$$\mathcal{K}[u] = \frac{d^2 u}{dx^2} - \kappa^2 u = -f(x) \quad (x \in (0, \ell)) \tag{5.13}$$

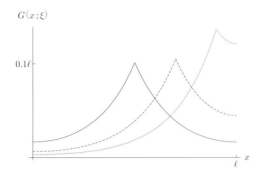

図 5.2　例 5.3 の Green 関数 (5.15). $\kappa\ell = 5$ とした．左から $\xi = 0.5, 0.7, 0.9$ の場合を表す．

に対する主要解も式 (5.10) で与えられる．定数 α, β を境界条件 $\left.\frac{\partial G(x;\xi)}{\partial x}\right|_{x=0,\ell} = 0$ から決めると

$$\alpha = \frac{\mathrm{e}^{-\kappa\ell}\cosh(\kappa\xi)}{2\kappa\sinh(\kappa\ell)}, \quad \beta = \frac{\cosh(\kappa(\ell-\xi))}{2\kappa\sinh(\kappa\ell)} \tag{5.14}$$

となり，Green 関数は

$$G(x;\xi) = \frac{\cosh\bigl(\kappa(|x-\xi|-\ell)\bigr) + \cosh\bigl(\kappa(x+\xi-\ell)\bigr)}{2\kappa\sinh(\kappa\ell)} \tag{5.15}$$

で与えられる (図 5.2)． ◁

例 5.4　境界条件

$$u(0) = u(\ell) = 0 \tag{5.16}$$

のもとでの非同次線形微分方程式

$$\mathcal{K}[u] = \frac{\mathrm{d}^2 u}{\mathrm{d}x^2} = -f(x) \quad (x \in (0,\ell)) \tag{5.17}$$

の境界値問題に対する Green 関数 $G(x;\xi)$ は

$$\mathcal{K}[G(x;\xi)] = \frac{\mathrm{d}^2 G(x;\xi)}{\mathrm{d}x^2} = -\delta(x-\xi) \quad (x \in [0,\ell]) \tag{5.18}$$

を満たし，

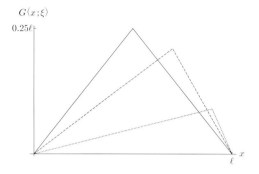

図 5.3 例 5.4 の Green 関数 (5.19). 左から $\xi = 0.5, 0.7, 0.9$ の場合を表す.

$$G(x;\xi) = \begin{cases} \dfrac{(\ell-\xi)x}{\ell} & (x \in [0,\xi)) \\ \dfrac{(\ell-x)\xi}{\ell} & (x \in (\xi,\ell]) \end{cases} \quad (5.19)$$

で与えられる (図 5.3). 式 (5.19) は例 5.2 における結果 (5.12) で $\kappa \to 0$ の極限ととることで得られる. 一般的な導き方については次節で説明する (例 5.5). 主要解は

$$G_0(x;\xi) = G(x;\xi) + \alpha x + \beta \quad (5.20)$$

で与えられる (α, β は定数). ◁

以上の例において Green 関数の三つの特徴をみてとることができる.

- $x = \xi$ での連続性

$$G(x \to \xi - 0; \xi) = G(x \to \xi + 0; \xi) \quad (5.21)$$

- $x = \xi$ での微分の不連続性

$$\left.\frac{\partial G(x;\xi)}{\partial x}\right|_{x \to \xi - 0} = \left.\frac{\partial G(x;\xi)}{\partial x}\right|_{x \to \xi + 0} + 1 \quad (5.22)$$

- **相反性**: x と ξ の入れ替えに対する対称性

$$G(x;\xi) = G(\xi;x) \quad (5.23)$$

注意 5.1 例 5.4 における式 (5.17) は，$u(x)$ を電位，$f(x)$ を電荷密度/真空の誘電率と読み替えれば，静電気学において電位も電荷分布も y, z によらず，x にのみ依存する場合の Poisson (ポアソン) 方程式となる[*1]．境界条件 (5.16) は $x = 0, \ell$ で電位ゼロに固定されている (接地されている) 状況を表し，Green 関数 (5.19) は平面 $x = \xi$ に一様に単位面電荷がある場合の電位に相当する．静電気学においては，単位電荷がつくる電位の重ね合わせで，一般の電荷分布のもとでの電位が表される (重ね合わせの原理)．Green 関数の意味を把握する上で，静電気学における重ね合わせの原理は有用である．この描像について 3 次元 Poisson 方程式を扱う 6 章であらためて述べる． ◁

注意 5.2 与えられた境界値問題に対して Green 関数が存在するとは限らない．例えば上の例 5.4 で，境界条件を

$$u'(0) = u'(\ell) = 0 \tag{5.24}$$

にした場合には Green 関数は存在しない．この場合は例 5.3 において $\kappa \ell \to 0$ の極限に相当するが，式 (5.15) は $(\kappa \ell)^{-2}$ に比例するため，その極限は存在しない．

注意 5.1 で書いた静電気学の文脈でいえば，$u'(x)$ は電場の x 成分を表す．式 (5.24) の境界条件のもとで Green 関数が存在しないことは，$x = \xi$ の一様な面電荷のもとで，電場が $x = 0, \ell$ でゼロであるような Poisson 方程式の解が存在しないことを意味する．このことは，Poisson 方程式を

$$E(x) = -\frac{du(x)}{dx}, \quad \frac{dE(x)}{dx} = f(x), \quad E(0) = E(\ell) \tag{5.25}$$

と書き直すことで理解できる．第二式を x について 0 から ℓ まで積分すると

$$\int_0^\ell f(x) dx = E(\ell) - E(0) = 0 \tag{5.26}$$

となる．この境界条件のもとでは $x = 0$ から $x = \ell$ までの全電荷がゼロになることがわかる．Green 関数は電荷分布 $-\delta(x-\xi)$ に対する電位であり，その場合全電荷はゼロでないので，いまの境界条件のもとでは存在しないことがわかる． ◁

以下の 5.3 節では，与えられた同次境界条件のもとでの Green 関数の求め方を説明する．Green 関数が存在しない場合でも境界値問題の解が存在するならば広義 Green 関数とよばれる関数を導入して境界値問題を解くことができる．Green 関数が存在しない場合における境界値問題の解法については 5.5 節で説明する．

[*1] 6.1.1 項も参照のこと

5.3 Green 関数の求め方

式 (5.1) で $f=0$ とした同次微分方程式 (5.1) に対する，線形独立な二つの解を**基本解**という．ここではそれを，$u_\mathrm{I}(x), u_\mathrm{II}(x)$ とする．Green 関数が満たすべき方程式 (5.6) は，$x=\xi$ をのぞく二つの領域 $[a,\xi)$ と $(\xi,b]$ では同次方程式となるので，

$$G(x;\xi) = \begin{cases} A_\mathrm{L,I} u_\mathrm{I}(x) + A_\mathrm{L,II} u_\mathrm{II}(x) & (x \in [a,\xi)) \\ A_\mathrm{R,I} u_\mathrm{I}(x) + A_\mathrm{R,II} u_\mathrm{II}(x) & (x \in (\xi,b]) \end{cases}$$

とおくことができる．したがって，$G(x;\xi)$ を求めることは四つの係数 $A_\mathrm{L,I}, A_\mathrm{L,II}, A_\mathrm{R,I}, A_\mathrm{R,II}$ を求めることに帰着する．$x=a$ での同次境界条件が $A_\mathrm{L,I}$ と $A_\mathrm{L,II}$ の間の一つの条件式を与え，$x=b$ での同次境界条件が $A_\mathrm{R,I}$ と $A_\mathrm{R,II}$ の間の一つの条件式を与える．$A_\mathrm{L,I}, A_\mathrm{L,II}, A_\mathrm{R,I}, A_\mathrm{R,II}$ を決めるための残り二つの条件式は，$x=\xi$ における Green 関数とその微分の連続性，不連続性により与えられる．式 (5.6) を $x_0 \in [a,\xi)$ から $x \in (x_0,b]$ まで積分すると，

$$\int_{x_0}^{x} \mathcal{K}[G(x';\xi)](x')\mathrm{d}x' = \begin{cases} 0 & (x<\xi) \\ -1 & (x>\xi) \end{cases} \tag{5.27}$$

となり，$x=\xi$ で不連続であることがわかる．さらにこの式を $x_0 \in [a,\xi)$ から $x \in (x_0,b]$ まで積分すると，

$$\int_{x_0}^{x} \mathrm{d}x' \int_{x_0}^{x'} \mathrm{d}x'' \mathcal{K}[G(x'';\xi)](x'') = \begin{cases} 0 & (x<\xi) \\ -|x-\xi| & (x>\xi) \end{cases} \tag{5.28}$$

となり，この両辺は $x=\xi$ で連続であることがわかる．これらの式と $\mathcal{K}$ が 2 階の微分演算子であることから，$x=\xi$ における Green 関数の連続性

$$G(x;\xi)\Big|_{x\to\xi+0} = G(x;\xi)\Big|_{x\to\xi-0} \tag{5.29}$$

と微分の不連続性

$$\frac{\mathrm{d}G(x;\xi)}{\mathrm{d}x}\bigg|_{x\to\xi+0} - \frac{\mathrm{d}G(x;\xi)}{\mathrm{d}x}\bigg|_{x\to\xi-0} = -\frac{1}{p(\xi)} \tag{5.30}$$

が導かれ，それぞれが $A_\mathrm{L,I}, A_\mathrm{L,II}, A_\mathrm{R,I}, A_\mathrm{R,II}$ を決めるための条件式を与える．

まとめると $A_\mathrm{L,I}, A_\mathrm{L,II}, A_\mathrm{R,I}, A_\mathrm{R,II}$ は，四つの条件式：$x=\xi$ での Green 関数の連続性 (5.29)，微分の不連続性 (5.30) と，$x=a$ での同次境界条件，$x=b$ での同次境界条件から決まる．

例 5.5 例 5.4 において,同次方程式の一般解は x の一次関数で与えられるので Green 関数を

$$G(x;\xi) = \begin{cases} \alpha_{\mathrm{L}} x + \beta_{\mathrm{L}} & (x \in [0, \xi)) \\ \alpha_{\mathrm{R}} x + \beta_{\mathrm{R}} & (x \in (\xi, \ell]) \end{cases} \tag{5.31}$$

とおける.$x = 0$ における境界条件から $\beta_{\mathrm{L}} = 0$,$x = \ell$ における境界条件から $\alpha_{\mathrm{R}} \ell + \beta_{\mathrm{R}} = 0$ が得られ,$x = \xi$ における連続性から,$\alpha_{\mathrm{L}} \xi + \beta_{\mathrm{L}} = \alpha_{\mathrm{R}} \xi + \beta_{\mathrm{R}}$,$x = \xi$ における微分の不連続性から $\alpha_{\mathrm{R}} - \alpha_{\mathrm{L}} = -1$ が得られる.これらの四つの条件式から,式 (5.19) が導かれる. ◁

例 5.6 例 5.2, 5.3 において,同次方程式の一般解は $\mathrm{e}^{\kappa x}$ と $\mathrm{e}^{-\kappa x}$ の線形結合で与えられるので,Green 関数は

$$G(x;\xi) = \begin{cases} \alpha_{\mathrm{L}} \mathrm{e}^{\kappa x} + \beta_{\mathrm{L}} \mathrm{e}^{-\kappa x} & (x \in [0, \xi)) \\ \alpha_{\mathrm{R}} \mathrm{e}^{\kappa x} + \beta_{\mathrm{R}} \mathrm{e}^{-\kappa x} & (x \in (\xi, \ell]) \end{cases} \tag{5.32}$$

とおける.$x = \xi$ における連続性から,

$$\alpha_{\mathrm{L}} \mathrm{e}^{\kappa \xi} + \beta_{\mathrm{L}} \mathrm{e}^{-\kappa \xi} = \alpha_{\mathrm{R}} \mathrm{e}^{\kappa \xi} + \beta_{\mathrm{R}} \mathrm{e}^{-\kappa \xi} \tag{5.33}$$

が得られ,$x = \xi$ における微分の不連続性から,

$$\alpha_{\mathrm{L}} \kappa \mathrm{e}^{\kappa \xi} - \beta_{\mathrm{L}} \kappa \mathrm{e}^{-\kappa \xi} = \alpha_{\mathrm{R}} \kappa \mathrm{e}^{\kappa \xi} - \beta_{\mathrm{R}} \kappa \mathrm{e}^{-\kappa \xi} + 1 \tag{5.34}$$

が得られる.例 5.2 の場合は,これらに加えて $x = 0, \ell$ における境界条件から

$$\alpha_{\mathrm{L}} + \beta_{\mathrm{L}} = 0, \quad \alpha_{\mathrm{R}} \mathrm{e}^{\kappa \ell} + \beta_{\mathrm{R}} \mathrm{e}^{-\kappa \ell} = 0 \tag{5.35}$$

が得られ,式 (5.33)–(5.35) から Green 関数 (5.12) が導かれる.

例 5.3 の場合は,式 (5.33), (5.34) と $x = 0, \ell$ における境界条件から得られる式

$$\alpha_{\mathrm{L}} - \beta_{\mathrm{L}} = 0, \quad \alpha_{\mathrm{R}} \kappa \mathrm{e}^{\kappa \ell} - \beta_{\mathrm{R}} \kappa \mathrm{e}^{-\kappa \ell} = 0 \tag{5.36}$$

により $\alpha_{\mathrm{L}}, \beta_{\mathrm{L}}, \alpha_{\mathrm{R}}, \beta_{\mathrm{R}}$ が求められ,Green 関数 (5.15) が導かれる. ◁

5.4 Green 関数が存在する条件

Green 関数が満たすべき同次境界条件と同じ境界条件のもとでの境界値問題

$$\mathcal{K}[u](x) + \lambda w(x)u(x) = 0 \quad (x \in [a,b]) \tag{5.37}$$

の解をもとに Green 関数を構成しよう．

境界値問題は式 (5.37) に含まれる定数 λ が特定の値のときのみ，解が存在する．

定義 5.1 境界値問題 (5.37) の解を与える λ の値 (固有値) と，そのときの境界値問題の解 $u(x)$ (固有関数) を求める問題を **Sturm-Liouville** (スツルム・リウヴィル) 型固有値問題という．

定理 5.1 Sturm-Liouville 型固有値問題の固有値はすべて実数であり，相異なる固有値 λ_1, λ_2 に属する固有関数 $v_1(x), v_2(x)$ は重み関数 $w(x)$ を用いた内積において互いに直交する：

$$\int_a^b v_1(x) v_2(x) w(x) \mathrm{d}x = 0. \tag{5.38}$$

固有値 λ_n ($n = 0, 1, 2, \cdots$) に対応する固有関数を $v_n(x)$ とすると固有値に縮退がない場合，定理 5.1 より $\{v_n(x)\}_{n=0}^{\infty}$ が直交関数系となる．縮退がある場合には同じ固有値をもつ固有関数から互いに直交する関数をつくり出すことができる．さらに

$$\int_a^b v_n(x) v_m(x) w(x) \mathrm{d}x = \delta_{nm} \tag{5.39}$$

となるように規格化しておくと，$\{v_n(x)\}_{n=0}^{\infty}$ は正規直交系をなす．

区間 $[a,b]$ において連続かつ区分的に滑らかな関数 $F(x)$ を Fourier 級数展開することができ，その Fourier 級数は (a,b) で $F(x)$ に一様収束する：

$$x \in (a,b), \quad F(x) = \sum_{n=0}^{\infty} v_n(x) \int_a^b w(\xi) v_n(\xi) F(\xi) \mathrm{d}\xi. \tag{5.40}$$

注意 5.3 境界 $x = a, b$ においては関数 $F(x)$ が固有関数系 $\{v_n(x)\}_{n=0}^{\infty}$ の満たす境界条件を満たさない場合には一様収束せず，境界付近で Gibbs 現象が生じる．◁

式 (5.40) をデルタ関数を用いた表式

$$F(x) = \int_a^b \delta(x - \xi) F(\xi) \mathrm{d}\xi \tag{5.41}$$

と比べると

$$\sum_{n=0}^{\infty} w(\xi) v_n(x) v_n(\xi) = \delta(x-\xi) \quad (x \in (a,b),\ \xi \in (a,b)) \tag{5.42}$$

となることがわかる．$\delta(x-\xi)$ は x と ξ の入れ替えに対して対称であるので

$$\sum_{n=0}^{\infty} w(x) v_n(x) v_n(\xi) = \delta(x-\xi) \quad (x \in (a,b),\ \xi \in (a,b)) \tag{5.43}$$

と書くこともできる．

Green 関数が $\{v_n(x)\}_{n=0}^{\infty}$ で展開できるとして

$$G(x;\xi) = \sum_{n=0}^{\infty} c_n(\xi) v_n(x) \tag{5.44}$$

とおく．これを式 (5.6) に代入すると

$$\mathcal{K}\left[\sum_{n=0}^{\infty} c_n(\xi) v_n(x)\right] = \sum_{n=0}^{\infty} c_n(\xi) \mathcal{K}[v_n(x)]$$
$$= -\sum_{n=0}^{\infty} \lambda_n c_n(\xi) v_n(x) w(x)$$
$$= -\delta(x-\xi). \tag{5.45}$$

これと式 (5.43) を比較すると，

$$\lambda_n c_n(\xi) = v_n(\xi) \quad (n=0,1,2,\cdots) \tag{5.46}$$

が成り立つなら，Green 関数が存在し，

$$G(x;\xi) = \sum_{n=0}^{\infty} \frac{v_n(x) v_n(\xi)}{\lambda_n} \tag{5.47}$$

が得られる．式 (5.46) を満たす $c_n(\xi)$ が存在する必要十分条件は

$$\lambda_n \neq 0 \quad (n=0,1,2,\cdots) \tag{5.48}$$

である．

注意 5.4 式 (5.47) は，$\{\lambda_n, v_n(x)\}_{n=0}^{\infty}$ のセットがわかっている場合の Green 関数の表式を与える．またこの表式において先に述べた相反性 (5.23) は明らかである．

また以下の例でみるように式 (5.47) は 5.3 節で紹介した求め方で得られる Green 関数と一致する. ◁

例 5.7 例 5.4 に対応する固有値問題は式 (5.1) における $p=1, q=0$ の場合に相当する. $w=1$ と選ぶと

$$\frac{\mathrm{d}^2 u(x)}{\mathrm{d}x^2} = -\lambda u(x), \quad u(0) = u(\ell) = 0 \tag{5.49}$$

である. その固有値と固有関数は

$$u_n(x) = \sqrt{\frac{2}{\ell}} \sin \frac{n\pi x}{\ell}, \quad \lambda_n = \left(\frac{n\pi}{\ell}\right)^2 \quad (n=1,2,\cdots) \tag{5.50}$$

で与えられる. 式 (5.47) より

$$G(x;\xi) = \frac{2\ell}{\pi^2} \sum_{n=1}^{\infty} \frac{1}{n^2} \sin\left(\frac{n\pi \xi}{\ell}\right) \sin\left(\frac{n\pi x}{\ell}\right) \tag{5.51}$$

が得られる. これがすでに得られている表式 (5.19) と一致することは, 式 (5.19) を $x \in [-\ell, \ell]$ で定義されている奇関数の一部とみなして Fourier 級数展開することで確かめられる. ◁

例 5.8 例 5.2 に対応する固有値問題は式 (5.1) における $p=1, q=-\kappa^2$ の場合に相当する. $w=1$ と選ぶと

$$\frac{\mathrm{d}^2 u(x)}{\mathrm{d}x^2} = -(\lambda - \kappa^2) u(x), \quad u(0) = u(\ell) = 0 \tag{5.52}$$

である. その固有値と固有関数は

$$u_n(x) = \sqrt{\frac{2}{\ell}} \sin \frac{n\pi x}{\ell}, \quad \lambda_n = \left(\frac{n\pi}{\ell}\right)^2 + \kappa^2 \quad (n=1,2,\cdots) \tag{5.53}$$

で与えられる. 式 (5.47) より

$$G(x;\xi) = \frac{2\ell}{\pi^2} \sum_{n=1}^{\infty} \frac{\sin \frac{n\pi \xi}{\ell} \sin \frac{n\pi x}{\ell}}{n^2 + \left(\frac{\kappa \ell}{\pi}\right)^2} \tag{5.54}$$

が得られる. これがすでに得られている表式 (5.12) と一致することは, 式 (5.12) を $x \in [-\ell, \ell]$ で定義されている奇関数の一部とみなして Fourier 級数展開することで確かめられる. ◁

例 5.9 例 5.3 に対応する固有値問題も式 (5.1) における $p=1, q=-\kappa^2$ の場合に相当し，かつ $w=1$ と選ぶ．この例は，境界条件だけが前の例と異なっている．

$$\frac{d^2 u(x)}{dx^2} = -(\lambda - \kappa^2)u(x), \quad u'(0) = u'(\ell) = 0 \tag{5.55}$$

その固有値と固有関数は

$$u_0(x) = \frac{1}{\sqrt{\ell}}, \quad \lambda_0 = \kappa^2,$$

$$u_n(x) = \sqrt{\frac{2}{\ell}} \cos \frac{n\pi x}{\ell}, \quad \lambda_n = \left(\frac{n\pi}{\ell}\right)^2 + \kappa^2 \quad (n=1,2,\cdots) \tag{5.56}$$

で与えられる．式 (5.47) より

$$G(x;\xi) = \frac{1}{\ell \kappa^2} + \frac{2\ell}{\pi^2} \sum_{n=1}^{\infty} \frac{\cos \frac{n\pi \xi}{\ell} \cos \frac{n\pi x}{\ell}}{n^2 + \left(\frac{\kappa \ell}{\pi}\right)^2} \tag{5.57}$$

が得られる．これがすでに得られている表式 (5.15) と一致することは，式 (5.15) を $x \in [-\ell, \ell]$ で定義されている偶関数の一部とみなして Fourier 級数展開することで確かめられる． ◁

5.5 広義 Green 関数

5.5.1 項では，Green 関数が存在しない条件と，Green 関数が存在しない場合に境界値問題の解が存在するための条件についてまとめる．5.5.2 項で広義 Green 関数を導入し，5.5.3 項では，広義 Green 関数の求め方について説明する．

5.5.1　Green 関数が存在しない場合の境界値問題

Green 関数が存在する必要十分条件は式 (5.48) で与えられるので，ある n に対して $\lambda_n = 0$ となるとき Green 関数が存在しない．また Green 関数が存在しないときには必ず，同じ同次境界条件のもとでの同次方程式

$$\mathcal{K}[u](x) = 0 \quad (x \in [a,b]) \tag{5.58}$$

に対する自明でない解が存在し，これを以下 $v_0(x)$ とする．ここで自明な解とは $u(x) = 0$ を意味する．

5.5 広義 Green 関数

例 5.10 すでに注意 5.2 で Green 関数が存在しない境界値問題の例をみた．このとき，

$$\mathcal{K}[u] = \frac{d^2 u}{dx^2} = \lambda u, \quad u'(0) = u'(\ell) = 0 \tag{5.59}$$

の固有関数系とその固有値は，式 (5.56) で $\kappa \to 0$ としたもので与えられるので，$\lambda_0 = 0$ となる． ◁

Green 関数が存在しない例をもう一つ挙げる．

例 5.11

$$\mathcal{K}[u] = \frac{d^2 u}{dx^2} + k^2 u, \quad u(0) = u(\ell) = 0 \tag{5.60}$$

ただし k は正の実数であるとする．これは例 5.2 で，$\kappa \to ik$ とした場合に相当するので，式 (5.12) で $\kappa \to ik$ と置き換えて

$$G(x;\xi) = \frac{\cos\bigl(k(x+\xi-\ell)\bigr) - \cos\bigl(k(|x-\xi|-\ell)\bigr)}{2k \sin(k\ell)} \tag{5.61}$$

を得る．これがいまの場合の Green 関数である．ただし

$$k = \frac{m\pi}{\ell} \quad (m = 1, 2, \cdots) \tag{5.62}$$

のとき，式 (5.61) は発散し Green 関数は存在しない．

対応する固有値問題は

$$\mathcal{K}[u] = \frac{d^2 u}{dx^2} + k^2 u = -\lambda u, \quad u(0) = u(\ell) = 0 \tag{5.63}$$

であり，その固有値と固有関数は

$$u_n(x) = \sqrt{\frac{2}{\ell}} \sin \frac{n\pi x}{\ell}, \quad \lambda_n = \left(\frac{n\pi}{\ell}\right)^2 - k^2 \quad (n = 1, 2, \cdots) \tag{5.64}$$

で与えられる．式 (5.62) を満たすとき，$u_m(x)$ に対応する固有値 λ_m がゼロになる． ◁

注意 5.5 Green 関数が存在しない理由は，注意 5.2 でも述べたように基本的な方程式に立ち返ると理解できる．例 5.11 の場合は両端を固定された弦の横振動の変位 $U(x,t)$ の外力 $F(x,t)$ のもとでの運動を表す波動方程式[*2]

$$\frac{\partial^2 U(x,t)}{\partial t^2} - c^2 \frac{\partial^2 U(x,t)}{\partial x^2} = F(x,t), \quad U(0,t) = U(\ell,t) = 0 \tag{5.65}$$

[*2] 6.1.2 項も参照のこと．

が出発点となる．ここで c は波の速さ，$F(x,t)$ は横変位方向の外力を単位長さあたりの弦の質量で割ったものを表す．外力の時間依存性が調和的で

$$F(x,t) = c^2 f(x) \cos \frac{m\pi ct}{\ell} \tag{5.66}$$

と書けるとき，弦の振動も同じ時間依存性をもつとして

$$U(x,t) = u(x) \cos \frac{m\pi ct}{\ell} \tag{5.67}$$

とおき，式 (5.65) に代入すると

$$\frac{\mathrm{d}^2 u(x)}{\mathrm{d}x^2} + \left(\frac{m\pi}{\ell}\right)^2 u(x) = -f(x), \quad u(0) = u(\ell) = 0 \tag{5.68}$$

となる．さきほど $f(x) = -\delta(x-\xi)$ のとき，式 (5.68) の解が存在しないことをみたが，$f(x) = \sin \frac{m\pi x}{\ell}$ の場合も，式 (5.68) の解は存在しない．実際

$$F(x,t) = c^2 \sin \frac{m\pi x}{\ell} \cos \frac{m\pi ct}{\ell} \tag{5.69}$$

のとき式 (5.65) を解くと，その一般解は，

$$U(x,t) = \frac{\ell c}{2m\pi} \sin \frac{m\pi x}{\ell} \left\{ t \sin \frac{m\pi ct}{\ell} + U_0 \cos \left(\frac{m\pi ct}{\ell} + \phi\right) \right\} \tag{5.70}$$

と表され (U_0 と ϕ は積分定数)，式 (5.67) の仮定が成り立っていないことがわかる．式 (5.70) の右辺の振幅が時間とともに増大していることからわかるように，この場合の外力が弦の固有振動

$$\sin \frac{m\pi x}{\ell} \cos \left(\frac{m\pi ct}{\ell} + \phi\right) \tag{5.71}$$

を共鳴的に励振するために，式 (5.67) のような定常的な解が外力下で存在しない．$f(x) = -\delta(x-\xi)$ の場合も，この外力によって固有振動 (5.71) が共鳴的に励振されることが式 (5.67) の形式の解が存在しない理由となっている． ◁

Green 関数が存在しない場合でも非同次項の関数形によっては境界値問題の解が存在する場合がある．

例 5.12 境界条件 $u'(0) = u'(\ell) = 0$ のもとで

$$\frac{\mathrm{d}^2 u}{\mathrm{d}x^2} = -f(x), \quad f(x) = \begin{cases} 0 & (x \in [0, \frac{\ell}{4})) \\ -1 & (x \in (\frac{\ell}{4}, \frac{\ell}{2})) \\ 1 & (x \in (\frac{\ell}{2}, \frac{3\ell}{4})) \\ 0 & (x \in (\frac{3\ell}{4}, \ell)) \end{cases} \tag{5.72}$$

の解は，

$$u(x) = \begin{cases} c & (x \in [0, \frac{\ell}{4})) \\ c + \dfrac{1}{2}\left(x - \dfrac{\ell}{4}\right)^2 & (x \in (\frac{\ell}{4}, \frac{\ell}{2})) \\ c - \dfrac{1}{2}\left(x - \dfrac{3\ell}{4}\right)^2 + \dfrac{\ell}{16}^2 & (x \in (\frac{\ell}{2}, \frac{3\ell}{4})) \\ c + \dfrac{\ell}{16}^2 & (x \in (\frac{3\ell}{4}, \ell)) \end{cases} \tag{5.73}$$

で与えられる．この場合，境界値問題の解は定数 c の分だけ不定性をもつ．この場合は $\int_0^\ell f(x)\mathrm{d}x = 0$,「電気的中性条件」が成り立つので境界値問題の解が存在する (注意 5.2 参照)． ◁

例 5.13 式 (5.68) において

$$f(x) = \cos\frac{n\pi x}{\ell}, \quad n \neq m \tag{5.74}$$

に対する解は

$$u(x) = \frac{\ell^2}{\pi^2(n^2 - m^2)}\cos\frac{n\pi x}{\ell} + A\sin\frac{n\pi x}{\ell} \tag{5.75}$$

で与えられる (A は定数)．注意 5.5 より，外力が固有振動 (5.71) を共鳴的に励振しなければ，境界値問題の解は存在する．いまの場合の $f(x)$ は固有振動 (5.71) を励振しない． ◁

Green 関数が存在しない場合の境界値問題を，Sturm-Liouville 型の固有値問題の固有関数系を用いて考える．ゼロ固有値は $n = 0$ でラベルされる固有関数であるとする ($\lambda_0 = 0$).

$$u(x) = \sum_{n=0}^{\infty} c_n v_n(x) \tag{5.76}$$

を境界値問題に代入して

$$\sum_{n'=1}^{\infty} \lambda_{n'} c_{n'} v_{n'}(x) = -f(x) \tag{5.77}$$

を得る．これに $v_n(x)w(x)$ を掛けて $x = a$ から b まで積分すると，

$$0 = \int_a^b f(x)v_0(x)w(x)\mathrm{d}x, \tag{5.78}$$

$$c_n = \frac{1}{\lambda_n} \int_a^b f(x) v_n(x) w(x) \mathrm{d}x \quad (n \geq 1). \tag{5.79}$$

Green 関数が存在しないとき，式 (5.78) が成り立つならば，境界値問題の解が存在する．式 (5.78) は非同次項の $f(x)$ と $v_0(x)$ が直交することを示している．このときの境界値問題の解

$$u(x) = \sum_{n=1}^{\infty} \frac{1}{\lambda_n} \int_a^b f(\xi) v_n(x) v_n(\xi) w(\xi) \mathrm{d}\xi + c_0 v_0(x) \tag{5.80}$$

は式 (5.79) を式 (5.76) に代入して得られる．式 (5.80) から，境界値問題の解は一意に決まらず c_0 の分の不定性があることがわかる．

5.5.2 境界値問題と広義 Green 関数

式 (5.47) の Green 関数の表式にならい，

$$\bar{G}(x;\xi) = \sum_{n=1}^{\infty} \frac{v_n(x) v_n(\xi)}{\lambda_n} \tag{5.81}$$

とおくと，式 (5.80) は

$$u(x) = \int_a^b \bar{G}(x;\xi) f(\xi) \mathrm{d}\xi + c_0 v_0(x) \tag{5.82}$$

と書ける．式 (5.81) を Green 関数に代わるものとして**広義 Green 関数**とよぶ．広義 Green 関数は与えられた境界条件を満たし，かつ

$$\mathcal{K}[\bar{G}] = -\bar{\delta}(x - \xi)$$
$$\bar{\delta}(x - \xi) \equiv \sum_{n=1}^{\infty} v_n(x) v_n(\xi) w(x) = \delta(x - \xi) - v_0(x) v_0(\xi) w(x) \tag{5.83}$$

を満たす．式 (5.81), (5.83) は $v_0(x)$ と直交する関数空間においてそれぞれ Green 関数，デルタ関数と同様の役割を果たす．式 (5.81) から広義 Green 関数が相反性をもつことがわかる．

5.5.3 広義 Green 関数の求め方

広義 Green 関数は，

$$\mathcal{K}[\bar{G}(x;\xi)] = v_0(x) v_0(\xi) w(x) \quad (x \in [a, \xi)) \tag{5.84}$$

$$\mathcal{K}[\bar{G}(x;\xi)] = v_0(x)v_0(\xi)w(x) \quad (x \in (\xi, b)) \tag{5.85}$$

$$\bar{G}(x;\xi)\Big|_{x \to \xi+0} = \bar{G}(x;\xi)\Big|_{x \to \xi-0} \tag{5.86}$$

$$\frac{\mathrm{d}\bar{G}(x;\xi)}{\mathrm{d}x}\Big|_{x \to \xi+0} - \frac{\mathrm{d}\bar{G}(x;\xi)}{\mathrm{d}x}\Big|_{x \to \xi-0} = -\frac{1}{p(\xi)} \tag{5.87}$$

を満たす．さらに $v_0(x)$ との直交性

$$\int_a^b \bar{G}(x;\xi)v_0(x)w(x)\mathrm{d}x = 0 \tag{5.88}$$

を満たす．

$\bar{G}$ を求める手順は以下のとおりである．

(1) 与えられた問題で $\mathcal{K}[u]$, $p(x)$, $w(x)$, $v_0(x)$ を同定する．
(2) 同次方程式 $\mathcal{K}[u] = 0$ の基本解 $u_\mathrm{I}(x)$, $u_\mathrm{II}(x)$ を求める．
(3) 非同次方程式 $\mathcal{K}[u] = v_0(x)v_0(\xi)w(x)$ の特解 $u_\mathrm{ih}(x)$ を求める．
(4)
$$\bar{G}(x;\xi) = \begin{cases} \alpha_\mathrm{L} u_\mathrm{I}(x) + \beta_\mathrm{L} u_\mathrm{II}(x) + u_\mathrm{ih}(x) & (x \in [a,\xi)) \\ \alpha_\mathrm{R} u_\mathrm{I}(x) + \beta_\mathrm{R} u_\mathrm{II}(x) + u_\mathrm{ih}(x) & (x \in (\xi,b]) \end{cases}$$

とおく．これは式 (5.84) と (5.85) を満たす．

(5) 四つの係数 $\alpha_\mathrm{L}, \beta_\mathrm{L}, \alpha_\mathrm{R}, \beta_\mathrm{R}$ を決める四つの条件式は $x = \xi$ での広義 Green 関数の連続性 (5.86)，$x = a$ での同次境界条件，$x = b$ での同次境界条件と直交性 (5.88) である．はじめの三条件を満たしていれば微分の不連続性 (5.87) は満たされる (次の例 5.14 を参照のこと)．

例 5.14 注意 5.2，例 5.10，例 5.12 で扱った境界値問題は $v_0 = \frac{1}{\sqrt{\ell}}$, $p = w = 1$ の場合に相当するので，広義 Green 関数は

$$\frac{\mathrm{d}^2 \bar{G}(x;\xi)}{\mathrm{d}x^2} = -\delta(x-\xi) + \frac{1}{\ell} \tag{5.89}$$

$$\frac{\mathrm{d}\bar{G}(x;\xi)}{\mathrm{d}x}\Big|_{x=0} = 0 \tag{5.90}$$

$$\frac{\mathrm{d}\bar{G}(x;\xi)}{\mathrm{d}x}\Big|_{x=\ell} = 0 \tag{5.91}$$

を満たす．$x \neq \xi$ では

$$\frac{\mathrm{d}^2 \bar{G}(x;\xi)}{\mathrm{d}x^2} = \frac{1}{\ell} \tag{5.92}$$

が成り立つので

$$G(x;\xi) = \begin{cases} \alpha_{\rm L} x + \beta_{\rm L} + \dfrac{x^2}{2\ell} & (x \in [0,\xi)) \\ \alpha_{\rm R} x + \beta_{\rm R} + \dfrac{x^2}{2\ell} & (x \in (\xi,\ell]) \end{cases} \tag{5.93}$$

とおける．$x=0$ における境界条件から $\alpha_{\rm L}=0$, $x=\ell$ における境界条件から $\alpha_{\rm R}=-1$ が得られ，$x=\xi$ における連続性から $\beta_{\rm R}=\beta_{\rm L}-\xi$ が得られる．ここまでの条件で得られる式

$$G(x;\xi) = \begin{cases} \beta_{\rm L} + \dfrac{x^2}{2\ell} & (x \in [0,\xi)) \\ \beta_{\rm L} - \xi + x + \dfrac{x^2}{2\ell} & (x \in (\xi,\ell]) \end{cases} \tag{5.94}$$

から，$x=\xi$ における微分の不連続性の条件 (5.87) はすでに満たされていることがわかる．$\beta_{\rm L}$ を決めるのは $\bar{G}$ と v_0 の直交条件 (5.88) である．それを考慮すると

$$\beta_{\rm L} = -\xi + \frac{\ell}{3} + \frac{\xi^2}{2\ell} \tag{5.95}$$

となり，

$$\bar{G}(x;\xi) = \frac{\ell}{3} + \frac{x^2 + \xi^2 - \ell(x+\xi) - \ell|x-\xi|}{2\ell} \tag{5.96}$$

が得られる (図 5.4)．この表式から相反性は明らかである．式 (5.90) を静電気学の Poisson 方程式とみなすと，広義 Green 関数は，$x=\xi$ の面に一様に分布した電荷分布と，$x=0$ から $x=\ell$ までの空間に一様に分布した (面電荷分布とは反対

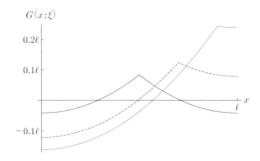

図 **5.4** 例 5.14 の広義 Green 関数 (5.96)．左から $\xi=0.5, 0.7, 0.9$ の場合を表す．

5.5 広義 Green 関数

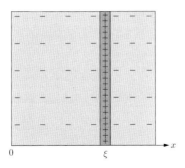

図 5.5 広義 Green 関数 (5.96) は図に模式的に示された電荷分布のもとでの電位を表す．

符号の) 電荷分布が存在する場合の静電位を表す (図 5.5 に電荷分布を模式的に示している)．この右辺は電気的中性条件を満たす．電荷分布 $f(x)$ が電気的中性条件 $\int_0^\ell f(x)\mathrm{d}x = 0$ を満たすならば，式 (5.82) に式 (5.96) を代入して得られる u は

$$\mathcal{K}[u] = -f(x), \quad u'(0) = u'(\ell) = 0$$

を満たす．$f(x)$ が式 (5.72) で与えられる場合に式 (5.82) は式 (5.73) に一致する．広義 Green 関数の特徴は電気的中性条件を満たす任意の電荷分布 $f(x)$ に対する解を与える点にある．いったん $f(x)$ が与えられた場合，対応する電位を求めるには式 (5.82) のたたみこみ積分を実行しさえすればいい． ◁

例 5.15

$$\mathcal{K}[u] = \frac{\mathrm{d}^2 u(x)}{\mathrm{d}x^2} + \left(\frac{\pi m}{\ell}\right)^2 u, \quad u(0) = u(\ell) = 0 \tag{5.97}$$

のとき，例 5.11 でみたように Green 関数は存在しない．以下広義 Green 関数を求める．$p(x) = 1$ であり，$w(x) = 1$ ととると $v_0(x) = \sqrt{\frac{2}{\ell}} \sin \frac{m\pi x}{\ell}$ となる．同次方程式 $\mathcal{K}[u] = 0$ の基本解は

$$u_{\mathrm{I}} = \sqrt{\frac{2}{\ell}} \cos \frac{m\pi x}{\ell}, \quad u_{\mathrm{II}} = \sqrt{\frac{2}{\ell}} \sin \frac{m\pi x}{\ell} \tag{5.98}$$

で与えられ，非同次方程式 $\mathcal{K}[u] = \frac{2}{\ell} \sin \frac{m\pi \xi}{\ell} \sin \frac{m\pi x}{\ell}$ の特解 u_{ih} は

$$u_{\mathrm{ih}} = -\frac{x}{m\pi} \cos \frac{m\pi x}{\ell} \sin \frac{m\pi \xi}{\ell} \tag{5.99}$$

で与えられる．広義 Green 関数を式 (5.89) のように書き表すと $x = 0$ における境界条件から $\alpha_\mathrm{L} = 0$ が得られる．$x = \ell$ における境界条件からは

$$\alpha_\mathrm{R} = \sqrt{\frac{\ell}{2}} \frac{\ell}{m\pi} \sin \frac{m\pi\xi}{\ell}$$

が得られる．$x = \xi$ における連続性から，$\beta_\mathrm{R} = \beta_\mathrm{L} - \xi$ が得られる．ここまでの条件で $x = \xi$ における微分の不連続性の条件 (5.87) は満たされる．これらの条件と $\bar{G}$ と v_0 の直交条件 (5.88) から

$$\beta_\mathrm{R} = -\sqrt{\frac{\ell}{2}} \frac{\xi}{m\pi} \cos \frac{m\pi\xi}{\ell}$$

$$\beta_\mathrm{L} = \sqrt{\frac{\ell}{2}} \frac{\ell - \xi}{m\pi} \cos \frac{m\pi\xi}{\ell}$$

が得られる．ここで得られた $\alpha_\mathrm{L}, \alpha_\mathrm{R}, \beta_\mathrm{L}, \beta_\mathrm{R}$ を式 (5.89) に代入して $\bar{G}$ が得られる．その表式は

$$\bar{G}(x;\xi) = \frac{1}{2\pi m} \left[(\ell - x - \xi) \sin \frac{m\pi(x+\xi)}{\ell} + (|\xi - x| - \ell) \sin \frac{m\pi|\xi - x|}{\ell} \right] \tag{5.100}$$

とまとめられる．これをみると相反性が成り立つことが確認できる． ◁

6 Fourier 変換を用いた偏微分方程式の解法

本章では，前章で学んだことを拡張して，Fourier 変換を用いた偏微分方程式の解法を学ぶ．基本的でかつ物理的に重要な偏微分方程式の例として，Poisson (ポアソン) 方程式，Laplace (ラプラス) 方程式，波動方程式，拡散方程式を紹介したのち，変数分離法と Green 関数法について解説し，それらを用いることでどのように偏微分方程式の解が得られるかを示す．

6.1 偏微分方程式の例

この節では，物理的に重要な偏微分方程式の例をいくつか紹介する．

6.1.1 ポテンシャル問題と Laplace 方程式

空間中に電荷密度 $Q(x,y,z)$ が分布しているとき，静電ポテンシャル $\phi(x,y,z)$ は偏微分方程式

$$\left(\frac{\partial^2}{\partial x^2} + \frac{\partial^2}{\partial y^2} + \frac{\partial^2}{\partial z^2}\right)\phi(x,y,z) = -Q(x,y,z) \tag{6.1}$$

に従って決まる．式 (6.1) を Poisson 方程式という．ここで簡単のために誘電率を 1 とした．左辺の微分演算子

$$\frac{\partial^2}{\partial x^2} + \frac{\partial^2}{\partial y^2} + \frac{\partial^2}{\partial z^2} \equiv \Delta \tag{6.2}$$

は Laplace 演算子，あるいはラプラシアン (Laplacian) とよばれる．式 (6.1) は 2 階の偏微分方程式である．

もし考えている空間中に電荷がない場合，つまり $Q=0$ のときには

$$\Delta\phi(x,y,z) = 0 \tag{6.3}$$

となる．これを **Laplace 方程式**という．空間が 2 次元の場合には

$$\Delta\phi(x,y) = \left(\frac{\partial^2}{\partial x^2} + \frac{\partial^2}{\partial y^2}\right)\phi(x,y) = 0 \tag{6.4}$$

となる.

Laplace 方程式の解は調和関数とよばれる.特に式 (6.4) で与えられる 2 次元の場合の調和関数は,正則な複素関数の実部と虚部に現れることが知られている.複素数 $z = x + \mathrm{i}y$ の関数である複素関数 $w(z)$ の実部と虚部をそれぞれ $u(x, y)$, $v(x, y)$ として $w(z) = u(x, y) + \mathrm{i}v(x, y)$ と書くことにすると,$w(z)$ が正則な場合には Cauchy-Riemann (コーシー・リーマン) の関係式

$$\frac{\partial u}{\partial x} = \frac{\partial v}{\partial y}, \quad \frac{\partial u}{\partial y} = -\frac{\partial v}{\partial x} \tag{6.5}$$

が成り立つ.これより,

$$\frac{\partial^2 u}{\partial x^2} = \frac{\partial}{\partial x}\frac{\partial u}{\partial x} = \frac{\partial}{\partial x}\frac{\partial v}{\partial y} = \frac{\partial}{\partial y}\frac{\partial v}{\partial x} = -\frac{\partial}{\partial y}\frac{\partial u}{\partial y} = -\frac{\partial^2 u}{\partial y^2} \tag{6.6}$$

つまり $\Delta u = 0$ となるので,u は式 (6.4) を満たすことがわかる.v についても同様のことが示せる.

6.1.2 波 動 方 程 式

次に弦の運動を考えよう.弦は太さと伸びが無視できて,単位長さあたりの質量は一定 (均質) であるとする.また弦は完全に弾性的で,曲げに対する抵抗がないとし,弦にはたらく重力の影響は無視する.弦の運動として,ここでは弦の方向を含む面内での微小なもののみを考え,弦の各点は x 軸に垂直な方向にのみ運動するものとする.

これらの仮定のもとで,図 6.1 のような弦の微小部分にはたらく力を考えよう.ここで,x 軸方向を弦の方向として,xy 平面は弦が運動する面,$u = f(x)$ は弦の変位

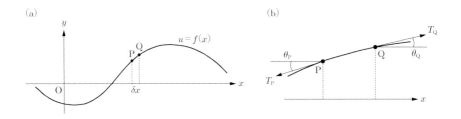

図 **6.1** 弦の模式図.(b) は (a) の点 P, Q 付近の拡大図.

を表すものとする. x 方向に δx だけ離れた弦上の点 $\mathrm{P}(x, f(x))$, $\mathrm{Q}(x+\delta x, f(x+\delta x))$ にはたらく張力の大きさをそれぞれ T_P, T_Q とする. また, 点 P, Q における弦の接線がなす角度を図 6.1(b) のようにそれぞれ θ_P, θ_Q とする.

まず y 方向について考えると, 弦の $[x, x+\delta x]$ の微小部分にかかる張力は $T_\mathrm{Q} \sin\theta_\mathrm{Q} - T_\mathrm{P}\sin\theta_\mathrm{P}$ となる. これと, 加速度 $\frac{\partial^2 u}{\partial t^2}$ の間の関係として Newton (ニュートン) の運動方程式を立てると

$$T_\mathrm{Q} \sin\theta_\mathrm{Q} - T_\mathrm{P}\sin\theta_\mathrm{P} = \rho \delta x \frac{\partial^2 u}{\partial t^2} \tag{6.7}$$

となる. ここで ρ はこの弦の線密度である.

一方, x 方向については弦は運動しないため, 張力の釣合いから

$$T_\mathrm{P}\cos\theta_\mathrm{P} = T_\mathrm{Q}\cos\theta_\mathrm{Q} = T \quad (一定) \tag{6.8}$$

の関係が成り立つ.

上の 2 式より

$$\frac{T_\mathrm{Q}\sin\theta_\mathrm{Q}}{T_\mathrm{Q}\cos\theta_\mathrm{Q}} - \frac{T_\mathrm{P}\sin\theta_\mathrm{P}}{T_\mathrm{P}\cos\theta_\mathrm{P}} = \frac{\rho \delta x}{T}\frac{\partial^2 u}{\partial t^2} \tag{6.9}$$

ここで左辺は

$$\tan\theta_\mathrm{Q} - \tan\theta_\mathrm{P} = \left.\frac{\partial u}{\partial x}\right|_{x+\delta x} - \left.\frac{\partial u}{\partial x}\right|_x = \frac{\partial^2 u}{\partial x^2}\delta x \tag{6.10}$$

となる. ここで, δx^2 以上の微小量を無視した. したがって

$$\frac{\partial^2 u}{\partial t^2} = c^2 \frac{\partial^2 u}{\partial x^2} \tag{6.11}$$

が得られる. ここで, T/ρ が常に正であることが明示的にわかるように $c \equiv \sqrt{T/\rho}$ として, 右辺の係数を c^2 と書いた. 式 (6.11) を 1 次元の**波動方程式**とよぶ.

2, 3 次元への拡張は, ラプラシアン Δ を用いて

$$\frac{\partial^2 u}{\partial t^2} = c^2 \Delta u \tag{6.12}$$

で与えられる. 2 次元の場合には膜の振動を記述する方程式となっている.

また, $u(\mathbf{r}, t)$ の時間 t に対する依存性を $e^{-\mathrm{i}\omega t}$ と仮定すると

$$\Delta u + k^2 u = 0 \tag{6.13}$$

という形の偏微分方程式が得られる. ここで $k \equiv \omega/c$. これは Helmholtz (ヘルムホルツ) 方程式とよばれる.

6.1.3 拡散方程式

粒子の拡散を考える．密度を $\rho(x,y,z,t)$，拡散物質の流れを $\mathbf{j}(x,y,z,t)$ とすると，連続の方程式より

$$\frac{\partial \rho}{\partial t} + \nabla \cdot \mathbf{j} = 0 \tag{6.14}$$

が成り立つ．ここで

$$\nabla \equiv \left(\frac{\partial}{\partial x}, \frac{\partial}{\partial y}, \frac{\partial}{\partial z}\right) \tag{6.15}$$

は勾配 (gradient) とよばれる．一方，Fick (フィック) の法則より，流れ $\mathbf{j}$ は拡散定数 D を用いて

$$\mathbf{j} = -D\nabla\rho \tag{6.16}$$

と書けるので，結局

$$\frac{\partial \rho}{\partial t} = D\nabla^2 \rho = D\Delta\rho \tag{6.17}$$

となる．これは**拡散方程式**とよばれる偏微分方程式である．

同様の方程式は物質中の熱の伝導現象に対しても得られる．簡単のため，1次元物質中の熱伝導現象を考える．比熱を C，熱伝導率を κ，線密度を ρ とし，位置 x，時刻 t における物質の温度を $u(x,t)$ とする．単位時間あたりにある点を流れる熱流を q とすると，Fourier の法則より $q = -\kappa\frac{\partial u}{\partial x}$ が成り立つ．したがって，この 1 次元物質の $[x, x+\delta x]$ の微小部分に微小時間 δt の間に流入する熱量は

$$\left(\kappa \left.\frac{\partial u}{\partial x}\right|_{x+\delta x, t} - \kappa \left.\frac{\partial u}{\partial x}\right|_{x,t}\right)\delta t = \kappa \frac{\partial^2 u}{\partial x^2}\delta x\delta t \tag{6.18}$$

と書ける．ここで，δx と δt に関して 3 次以上の微小量を無視した．これが，時間 δt の間の温度上昇 $\frac{\partial u}{\partial t}\delta t$ と熱容量 $C\rho\delta x$ の積に等しいことより

$$\kappa \frac{\partial^2 u}{\partial x^2}\delta x\delta t = C\rho \frac{\partial u}{\partial t}\delta x\delta t \tag{6.19}$$

となる．これより

$$\frac{\partial u}{\partial t} = \alpha \frac{\partial^2 u}{\partial x^2} \tag{6.20}$$

が得られる．ここで $\alpha = \kappa/C\rho$ である．式 (6.20) は**熱伝導方程式**とよばれるが，形式的に式 (6.17) で与えられる拡散方程式と同じ形をしている．

6.2 変数分離法

$x_1, x_2, \cdots, x_n, t$ に関する偏微分方程式の解 $u(x_1, x_2, \cdots, x_n, t)$ を，次のような積の形に求めることを考えよう：

$$u(x_1, x_2, \cdots, x_n, t) = X_1(x_1) X_2(x_2) \cdots X_n(x_n) T(t). \tag{6.21}$$

式 (6.21) の形を**変数分離形**とよび，この形に解を求めることを**変数分離法**とよぶ．解をこのような積の形に仮定するのは，解として大きな制限を課したように思えるが，変数分離形は無数に存在する．さらにそれらの線形結合はもとの方程式の一般解を与える．また，変数分離形の解の重要性は，解そのものが初期値問題・境界値問題の解になるということではなく，解を構成する際の基底をなすという点にある．

ここでは形式論は避けて，実際に拡散方程式の解を変数分離法で求めてみよう．そのプロセスをみた上で，変数分離法の一般的な手順をまとめることにする．

例 6.1 式 (6.20) で与えられる 1 次元拡散方程式

$$\frac{\partial u}{\partial t} = \alpha \frac{\partial^2 u}{\partial x^2} \tag{6.22}$$

を，境界条件

$$u(0, t) = 0, \quad u(L, t) = 0 \tag{6.23}$$

および初期条件

$$u(x, 0) = f(x) \tag{6.24}$$

のもとで解くことを考える．

解として変数分離形 $u(x, t) = X(x) T(t)$ の形を考えると，x, t による偏微分が $\frac{\partial u}{\partial t} = X \frac{dT}{dt}, \frac{\partial^2 u}{\partial x^2} = T \frac{d^2 X}{dx^2}$ となることから，式 (6.22) は

$$X \frac{dT}{dt} = \alpha T \frac{d^2 X}{dx^2} \tag{6.25}$$

となる．これを両辺を $\alpha X T$ で割ると

$$\frac{1}{\alpha T} \frac{dT}{dt} = \frac{1}{X} \frac{d^2 X}{dx^2} \tag{6.26}$$

が得られる[*1]. この式の左辺は t のみの関数, 右辺は x のみの関数になっているので, これらが等しくなるためにはどちらも定数でなければならない. この定数を k とすると

$$\frac{d^2 X}{dx^2} - kX = 0 \tag{6.27}$$

$$\frac{dT}{dt} - \alpha k T = 0 \tag{6.28}$$

という常微分方程式のセットを得る.

次に境界条件 (6.23) を考える. まず $u(0,t) = X(0)T(t) = 0$ について考える. ここで, $T(t) = 0$ とすると $u(x,t) = 0$ となり, 物理的に意味のない解になってしまうので $T(t) \neq 0$. したがって $X(0) = 0$ が成り立つ. また $u(L,t) = X(L)T(t) = 0$ より同様に $X(L) = 0$ が成り立つ.

次に k の値について考えよう. まず, $k = 0$ とすると式 (6.27) より $\frac{d^2 X}{dx^2} = 0$ となるため, $X(x) = ax + b$ (a, b は定数) という解が得られるが, $X(0) = X(L) = 0$ より $X(x) = 0$ となってしまうため, $k = 0$ は不適であることがわかる.

また, $k > 0$ とすると, $k \equiv \lambda^2$ として $X(x) = ae^{\lambda x} + be^{-\lambda x}$ という解が得られるが, これも同様に $X(x) = 0$ となるため不適.

したがって $k < 0$ とする. $k \equiv -\lambda^2$ として $X(x) = a\cos\lambda x + b\sin\lambda x$ という解を得る. ここで, $X(0) = X(L) = 0$ より $a = 0$, $b\sin\lambda L = 0$ となるが, $b \neq 0$ でなければならないため $\sin\lambda L = 0$, つまり $\lambda = \lambda_n = n\pi/L$ が成り立つ必要がある. よって

$$X(x) = b\sin\lambda_n x \; ; \quad \lambda_n = \frac{n\pi}{L} \quad (n = 1, 2, \cdots) \tag{6.29}$$

を得る.

次に $T(t)$ について考えると, 式 (6.28) に $k = -\lambda_n^2$ を代入することで

$$T(t) = c\exp(-p_n^2 t) \tag{6.30}$$

という解が得られる (c は定数). ただし $p_n = \sqrt{\alpha}\lambda_n$ とした.

以上より

$$u_n(x,t) = A_n \sin\lambda_n x \exp(-p_n^2 t) \quad (n = 1, 2, \cdots) \tag{6.31}$$

[*1] ここでは係数 α を T のほうにつけたが, X のほうにつけて計算を進めても同様の解が得られる.

という解を得ることができる (A_n は定数). このような解のことを**固有関数**あるいは**特性関数**とよび, p_n のことを**固有値**あるいは**特性値**とよぶ.

もとの偏微分方程式 (6.22) は線形なので, その解を以下のような形の固有関数の重ね合わせとして構成することを考える:

$$u(x,t) = \sum_{n=1}^{\infty} u_n(x,t) = \sum_{n=1}^{\infty} A_n \sin \lambda_n x \exp(-p_n^2 t). \quad (6.32)$$

ここで式 (6.24) で与えられる初期条件より,

$$u(x,0) = \sum_{n=1}^{\infty} A_n \sin \frac{n\pi}{L} x = f(x) \quad (6.33)$$

となる. これは $f(x)$ の Fourier 級数展開の形をしているので, 式 (2.101) より係数 A_n は

$$A_n = \frac{2}{L} \int_0^L f(x) \sin \frac{n\pi}{L} x \mathrm{d}x \quad (6.34)$$

と求めることができる. こうして偏微分方程式 (6.22) の解 $u(x,t)$ が得られた. ◁

上の例からわかるとおり, 変数分離法を用いた偏微分方程式を解く手順は以下のようにまとめられる.

(1) 変数分離形の解を考え, 各変数に対して独立な常微分方程式のセットを得る.
(2) それらの解として境界条件を満たすものを構成することにより, 固有関数を求める.
(3) 固有関数の重ね合わせとしてもとの偏微分方程式の解を構成し, 初期条件を満たすように重ね合わせにおける各項の係数を決める.

6.3 境界値問題と Green 関数法

次に, Green 関数を用いた偏微分方程式の解法をみてみよう. Green 関数自体は, 5.2 節で常微分方程式に対して導入したものと同様に定義される. つまり例えば, 1 次元空間座標 x と時間 t に関する偏微分を含む微分演算子を $\mathcal{K}$ として, 式 (5.6) と同様に

$$\mathcal{K}[G(x;x',t;t')] = -\delta(x-x')\delta(t-t') \quad (6.35)$$

を満たす $G(x;x',t;t')$ が存在する場合に，これを Green 関数とよぶ (境界条件を問わない場合は主要解とよぶ)．ひとたび Green 関数が求まれば，一般に偏微分方程式

$$\mathcal{K}[u](x,t) = -f(x,t) \tag{6.36}$$

の解は式 (5.7) と同様に，たたみこみ積分

$$u(x,t) = \int dx' \int dt' G(x;x',t;t') f(x',t') \tag{6.37}$$

として求めることができる．

例 6.2 前節と同じ 1 次元拡散方程式 (6.22) について，

$$\left(\alpha \frac{\partial^2}{\partial x^2} - \frac{\partial}{\partial t} \right) G(x,t) = -\delta(x)\delta(t) \tag{6.38}$$

を満たす Green 関数 (正確には主要解) を求めてみよう．式 (6.38) は，以下で示す通り，物理的には $t=0, x=0$ に密度が 1 の粒子源を置いた場合に相当していて，この解を求めることは，$t>0$ での粒子の拡散の様子を求めることに対応する ($t<0$ では $G(x,t)=0$)．

Green 関数を求める方法はいくつかあるが，ここでは Fourier 変換を用いることにする．まず，x,t の両方に関する Fourier 逆変換を考え，

$$G(x,t) = \int_{-\infty}^{\infty} dk \int_{-\infty}^{\infty} d\omega\, \mathcal{G}(k,\omega) e^{ikx} e^{-i\omega t} \tag{6.39}$$

として G の Fourier 変換 $\mathcal{G}$ を導入する[*2]．デルタ関数についても式 (4.35) を用いて

$$\delta(x)\delta(t) = \frac{1}{2\pi} \int_{-\infty}^{\infty} dk\, e^{ikx} \frac{1}{2\pi} \int_{-\infty}^{\infty} d\omega\, e^{-i\omega t} \tag{6.40}$$

とする．これらを式 (6.38) に代入すると

$$\left(\alpha \frac{\partial^2}{\partial x^2} - \frac{\partial}{\partial t} \right) \int_{-\infty}^{\infty} dk \int_{-\infty}^{\infty} d\omega\, \mathcal{G}(k,\omega) e^{ikx} e^{-i\omega t}$$
$$= -\int_{-\infty}^{\infty} dk \int_{-\infty}^{\infty} d\omega\, \mathcal{G}(k,\omega)(\alpha k^2 - i\omega) e^{ikx} e^{-i\omega t}$$

[*2] t に関する Fourier 変換には，慣例に従って指数関数の因子 $i\omega t$ に負符号をつけた．負符号をつけなくても同じ解が得られる．

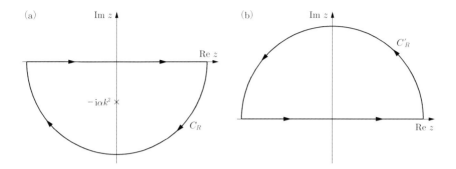

図 6.2 (a) 式 (6.43) における積分路 C. (b) 式 (6.46) における積分路 C'. 半円弧の部分をそれぞれ C_R, C'_R としている.

$$= -\frac{1}{2\pi}\int_{-\infty}^{\infty} dk\, e^{ikx} \frac{1}{2\pi}\int_{-\infty}^{\infty} d\omega\, e^{-i\omega t} \tag{6.41}$$

となる. 積分の中身を比較して

$$\mathcal{G}(k,\omega) = \frac{1}{4\pi^2}\frac{i}{\omega + i\alpha k^2} \tag{6.42}$$

が得られる. あとはこれを式 (6.39) に従って Fourier 逆変換して $G(x,t)$ を求めればよい.

まずは式 (6.39) において, ω に関する積分を考えよう. ここでは ω を複素数 z に拡張した複素関数を考え, 複素積分を用いて計算する. まず, $t>0$ として図 6.2(a) のような複素平面上の積分路 C 上における周回積分を考えると

$$\oint_C \frac{i}{z+i\alpha k^2}e^{-izt}dz = \lim_{R\to\infty}\int_{-R}^{R}\frac{i}{\omega+i\alpha k^2}e^{-i\omega t}d\omega + \int_{C_R}\frac{i}{z+i\alpha k^2}e^{-izt}dz \tag{6.43}$$

と書ける. ここで C_R は積分路 C のうち半円弧の部分を指す. この式の左辺は, 留数定理を用いて, この積分路内に含まれる 1 位の極 $z=-i\alpha k^2$ における留数の値によって以下のように計算できる:

$$\oint_C \frac{i}{z+i\alpha k^2}e^{-izt}dz = -2\pi i \frac{i}{z+i\alpha k^2}e^{-izt}(z+i\alpha k^2)\bigg|_{z=-i\alpha k^2}$$
$$= 2\pi \exp(-\alpha k^2 t). \tag{6.44}$$

ここで周回積分が時計回りであることから，第 2 式に負符号がついていることに注意．また，式 (6.43) の右辺第 2 項は Jordan (ジョルダン) の補題より $R \to \infty$ でゼロとなる[*3]．したがって，$t > 0$ に対して

$$\int_{-\infty}^{\infty} \frac{\mathrm{i}}{\omega + \mathrm{i}\alpha k^2} \mathrm{e}^{-\mathrm{i}\omega t} \mathrm{d}\omega = 2\pi \exp(-\alpha k^2 t) \tag{6.45}$$

という関係式が得られた．

一方，$t < 0$ について図 6.2(b) のような上半平面をまわる周回積分 C' を考えると

$$\oint_{C'} \frac{\mathrm{i}}{z + \mathrm{i}\alpha k^2} \mathrm{e}^{\mathrm{i}z|t|} \mathrm{d}z = \lim_{R \to \infty} \int_{-R}^{R} \frac{\mathrm{i}}{\omega + \mathrm{i}\alpha k^2} \mathrm{e}^{-\mathrm{i}\omega t} \mathrm{d}\omega + \int_{C'_R} \frac{\mathrm{i}}{z + \mathrm{i}\alpha k^2} \mathrm{e}^{\mathrm{i}z|t|} \mathrm{d}z \tag{6.46}$$

と書けるが，上半平面には特異点がないため左辺はゼロ．右辺第 2 項は $t > 0$ の場合と同様に Jordan の補題より $R \to \infty$ でゼロとなるため，

$$\int_{-\infty}^{\infty} \frac{\mathrm{i}}{\omega + \mathrm{i}\alpha k^2} \mathrm{e}^{-\mathrm{i}\omega t} \mathrm{d}\omega = 0 \tag{6.47}$$

となる．つまり $t < 0$ に対しては $G(x, t) = 0$ となる．これは物理的には当然の帰結で，$t = 0$ に粒子源を置いた場合の粒子の拡散は $t > 0$ にしか生じないという因果律を表している．

さて，式 (6.45) に対して k に関する積分を実行して $G(x, t)$ を求めよう．

$$\begin{aligned} G(x, t) &= \frac{1}{4\pi^2} \int_{-\infty}^{\infty} 2\pi \exp(-\alpha k^2 t) \mathrm{e}^{\mathrm{i}kx} \mathrm{d}k \\ &= \frac{1}{2\pi} \int_{-\infty}^{\infty} \exp(\mathrm{i}kx - \alpha k^2 t) \mathrm{d}k \\ &= \frac{1}{2\pi} \int_{-\infty}^{\infty} \mathrm{d}k \exp\left\{-\alpha t \left(k - \frac{\mathrm{i}x}{2\alpha t}\right)^2\right\} \exp\left(-\frac{x^2}{4\alpha t}\right) \\ &= \frac{1}{2\sqrt{\pi\alpha t}} \exp\left(-\frac{x^2}{4\alpha t}\right) \end{aligned} \tag{6.48}$$

という計算により，$t > 0$ では Gauss 型の関数形が得られる．この最後の積分は式 (4.22) と同じタイプのものである．

以上をまとめると

$$G(x, t) = \begin{cases} \dfrac{1}{2\sqrt{\pi\alpha t}} \exp\left(-\dfrac{x^2}{4\alpha t}\right) & (t > 0) \\ 0 & (t < 0) \end{cases} \tag{6.49}$$

[*3] この積分がゼロとなるように図 6.2(a) のような下半平面をまわる周回積分を考えた．

という解が得られた．Heaviside 関数 (4.46) を用いて

$$G(x,t) = H(t)\frac{1}{2\sqrt{\pi\alpha t}}\exp\left(-\frac{x^2}{4\alpha t}\right) \quad (6.50)$$

と書くこともできる．この結果は，物理的には，時刻 $t=0$ において位置 $x=0$ に置かれたデルタ関数的な粒子が $t>0$ において粒子が拡散し，t とともに幅が増大する Gauss 関数的な空間分布をすることを示している．

こうして求まった Green 関数は，物理的には $t=0, x=0$ に密度が 1 の粒子源を置いた場合の解であった．この Green 関数を用いると，任意の空間分布をもった粒子源に対する解が簡単に求まる．例えば，$t=0$ に $f(x)$ という空間分布をもった粒子源を置いた場合

$$\left(\alpha\frac{\partial^2}{\partial x^2} - \frac{\partial}{\partial t}\right)u(x,t) = -f(x)\delta(t) \quad (6.51)$$

について考えよう．この場合の解は

$$u(x,t) = \int_{-\infty}^{\infty} G(x-x',t)f(x')\mathrm{d}x' \quad (6.52)$$

というたたみこみ積分の形で解が書ける．実際，この解をもとの偏微分方程式 (6.51) に代入してみると

$$\begin{aligned}\left(\alpha\frac{\partial^2}{\partial x^2} - \frac{\partial}{\partial t}\right)u(x,t) &= \int_{-\infty}^{\infty}\left(\alpha\frac{\partial^2}{\partial x^2} - \frac{\partial}{\partial t}\right)G(x-x',t)f(x')\mathrm{d}x' \\ &= -\int_{-\infty}^{\infty}\delta(x-x')\delta(t)f(x')\mathrm{d}x' = -f(x)\delta(t)\end{aligned} \quad (6.53)$$

となることから，解になっていることがわかる．

ここで式 (6.52) の物理的な意味を考えてみよう．もともと $G(x,t)$ は $t=0, x=0$ に密度 1 の粒子源を置いた場合の解であった．すると，例えば $t=0, x=x_0$ に密度 y_0 の粒子源を置いた場合の解は $y_0 G(x-x',t)$ で与えられるはずである．したがって，初期条件 $u(x,0)=f(x)$ を適当な密度のデルタ関数の寄せ集めであると考えれば，それらがもたらす解は式 (6.52) のような積分として書けるはずである．これが，Green 関数を用いたたたみこみ積分によって一般解が求まることの物理的な描像である．

最後に，非同次形として，x, t に依存した一般の粒子源が与えられた場合の解を考えてみよう：

$$\left(\alpha\frac{\partial^2}{\partial x^2} - \frac{\partial}{\partial t}\right)u(x,t) = -g(x,t). \quad (6.54)$$

この場合にも，式 (6.52) と同様にして，x, t の両方の変数に関するたたみこみ積分として以下のように解が書ける：

$$u(x,t) = \int_{-\infty}^{\infty} dx' \int_{-\infty}^{\infty} dt' G(x-x', t-t') g(x', t'). \tag{6.55}$$

これが解であることは式 (6.54) に代入することで容易に確かめられる． ◁

6.4 応 用 例

6.2 節および 6.3 節では，拡散方程式に対してそれぞれ変数分離法と Green 関数法を適用した．ここではその他の応用例として，波動方程式と Laplace 方程式に対する適用例を示す．

6.4.1 固定端の波動方程式の初期値問題

式 (6.11) で与えられる 1 次元波動方程式

$$\frac{\partial^2 u}{\partial t^2} = c^2 \frac{\partial^2 u}{\partial x^2} \tag{6.56}$$

を，境界条件

$$u(0,t) = 0, \quad u(L,t) = 0 \tag{6.57}$$

および初期条件

$$u(x,0) = f(x), \quad \left.\frac{\partial u}{\partial t}\right|_{t=0} = g(x) \tag{6.58}$$

のもとで解くことを考える．

ここでは，6.2 節で学んだ変数分離法を用いた解法を示す．解として変数分離形 $u(x,t) = X(x)T(t)$ の形を考えると，式 (6.25) から式 (6.28) までと同様の操作により

$$\frac{d^2 X}{dx^2} - kX = 0, \quad \frac{d^2 T}{dt^2} - c^2 kT = 0 \tag{6.59}$$

という常微分方程式のセットを得る (k は定数)．

これらに対して境界条件を考慮することにより，$k \equiv -\lambda_n^2 < 0$ として

$$X(x) = b \sin \lambda_n x \tag{6.60}$$

$$T(t) = c \cos p_n t + d \sin p_n t \tag{6.61}$$

という解を得る (b, c, d は定数)．ただしここで

$$\lambda_n = \frac{n\pi}{L}, \quad p_n = c\lambda_n \quad (n = 1, 2, \cdots) \tag{6.62}$$

とした．p_n がこの場合の固有値である．

これらの積の重ね合わせとして，式 (6.56) の解は

$$u(x, t) = \sum_{n=1}^{\infty} u_n(x, t) = \sum_{n=1}^{\infty} (A_n \cos p_n t + B_n \sin p_n t) \sin \lambda_n x \tag{6.63}$$

と書ける．

ここで式 (6.58) の初期条件のうち $u(x, 0) = f(x)$ より，

$$u(x, 0) = \sum_{n=1}^{\infty} A_n \sin \lambda_n x = f(x) \tag{6.64}$$

となる．これは Fourier 級数展開の形をしているので，係数 A_n は

$$A_n = \frac{2}{L} \int_0^L f(x) \sin \lambda_n x \mathrm{d}x \tag{6.65}$$

と選ぶことができる．

また，式 (6.58) のもう一つの初期条件からは

$$\left.\frac{\partial u}{\partial t}\right|_{t=0} = \left[\sum_{n=1}^{\infty} (-A_n p_n \sin p_n t + B_n p_n \cos p_n t) \sin \lambda_n x\right]_{t=0}$$

$$= \sum_{n=1}^{\infty} B_n p_n \sin \lambda_n x = g(x) \tag{6.66}$$

が得られる．これも Fourier 級数展開の形をしているため，係数 B_n は

$$B_n = \frac{2}{\pi c n} \int_0^L g(x) \sin \lambda_n x \mathrm{d}x \tag{6.67}$$

と選ぶことができる．こうして偏微分方程式 (6.56) の解 $u(x, t)$ のうち，境界条件 (6.57) と初期条件 (6.58) を満たす解が得られた．

ところで,式 (6.56) の Green 関数 $G(x,t)$ は,x_0 を適当な実数として

$$\left(c^2\frac{\partial^2}{\partial x^2} - \frac{\partial^2}{\partial t^2}\right)G(x,t) = -\delta(x-x_0)\delta(t) \tag{6.68}$$

を満たす.式 (6.58) の初期条件は,$f(x) = 0$, $g(x) = \delta(x-x_0)$ とすると,$t<0$ で $u(x) = 0$, $t=0$ に $x = x_0$ の点に強さ 1 の撃力が加わったとみなすこともできる.したがって,式 (6.63), (6.65), (6.67) において $f(x) = 0$, $g(x) = \delta(x-x_0)$ として,因果律を示す Heaviside 関数 $H(t)$ を掛けたもの

$$G(x,t) = H(t)\sum_{n=1}^{\infty}\frac{2}{\pi cn}\sin\lambda_n x_0 \sin p_n t \sin\lambda_n x \tag{6.69}$$

がこの初期条件のもとでの Green 関数を与える.

6.4.2 　静電場のポテンシャル分布

式 (6.1) で与えられる Poisson 方程式を考える:

$$\Delta\phi(\mathbf{r}) = -Q(\mathbf{r})\;;\quad \mathbf{r} = (x,y,z). \tag{6.70}$$

電磁気学で学ぶように,もし電荷分布が原点に置かれた電荷密度 1 の点電荷である場合,つまり

$$\Delta\phi(\mathbf{r}) = -\delta(\mathbf{r}) = -\delta(x)\delta(y)\delta(z) \tag{6.71}$$

という場合には,静電ポテンシャルは

$$\phi(\mathbf{r}) = \frac{1}{4\pi r}\;;\quad r = |\mathbf{r}| \tag{6.72}$$

で与えられる (Coulomb (クーロン) の法則).このことは以下のように確認できる.まず $r\neq 0$ の場合には,

$$-\Delta\phi(\mathbf{r}) = \nabla\frac{\mathbf{r}}{4\pi r^3} = 0 \tag{6.73}$$

となる.ここで,式 (6.15) と $\Delta = \nabla\cdot\nabla$ を用いた.$r = 0$ では,原点のまわりに半径 R の球 V を考えて,その表面を S とすると,Gauss の定理より

$$-\int\Delta\phi(\mathbf{r})d\mathbf{r} = -\int_S d\mathbf{S}\cdot\nabla\phi(\mathbf{r}) = 4\pi R^2 \times \frac{1}{4\pi R^2} = 1 \tag{6.74}$$

となる．したがって式 (6.71) が成り立つことがわかる．

ところで式 (6.71) は Green 関数が満たすべき式 (6.35) と同じ形をしている．このことは，式 (6.72) で与えられる $\phi(\mathbf{r})$ が式 (6.70) の主要解であることを意味している．したがって 6.3 節で学んだように，式 (6.70) で与えられる Poisson 方程式の一般解は

$$\phi(\mathbf{r}) = \int \frac{1}{4\pi} \frac{1}{|\mathbf{r}-\mathbf{r}'|} Q(\mathbf{r}') d\mathbf{r}' \tag{6.75}$$

というたたみこみ積分の形で得られる．これは物理的には，6.3 節の例 6.2 において拡散方程式に対して論じたのと同様に，一般の電荷分布 $Q(\mathbf{r})$ を点電荷 (デルタ関数) の寄せ集めとして考えることに対応している．

ここまで境界条件をあらわには考慮していなかったが，式 (6.72) は，無限遠方で $\phi = 0$ という境界条件のもとでの Green 関数とみなすことができる．そこで最後に一般の境界値問題についても考えてみよう．5 章で学んだように，Green 関数は境界の形状や境界条件の種類に応じてさまざまな形をとるので，その個々の形はここでは議論しないことにして，とりあえず何らかの方法で Green 関数が求まったとして話を進める．

まず，式 (6.72) に Green 関数 $G(\mathbf{r}, \mathbf{r}')$ を掛けたものから，Green 関数が満たすべき式 $\Delta G(\mathbf{r}, \mathbf{r}') = -\delta(\mathbf{r})$ に $\phi(\mathbf{r})$ を掛けたものを引いて両辺を積分することにより，S' を任意の閉曲面として

$$\int_{S'} d\mathbf{S}' \cdot \left\{ G(\mathbf{r}, \mathbf{r}') \frac{\partial \phi(\mathbf{r})}{\partial \mathbf{r}} - \phi(\mathbf{r}) \frac{\partial G(\mathbf{r}, \mathbf{r}')}{\partial \mathbf{r}} \right\} = -\int G(\mathbf{r}, \mathbf{r}') Q(\mathbf{r}) d\mathbf{r} + \phi(\mathbf{r}') \tag{6.76}$$

を得る．ここで，微分作用素 ∇ をあらわに $\partial/\partial \mathbf{r}$ と書いた．$\mathbf{r}$ と $\mathbf{r}'$ を入れ替えて Green 関数の相反性 $G(\mathbf{r}, \mathbf{r}') = G(\mathbf{r}', \mathbf{r})$ [式 (5.23) 参照] を用いると

$$\phi(\mathbf{r}) = \int G(\mathbf{r}, \mathbf{r}') Q(\mathbf{r}') d\mathbf{r}' + \int_{S'} d\mathbf{S}' \cdot \left\{ G(\mathbf{r}, \mathbf{r}') \frac{\partial \phi(\mathbf{r}')}{\partial \mathbf{r}'} - \phi(\mathbf{r}') \frac{\partial G(\mathbf{r}, \mathbf{r}')}{\partial \mathbf{r}'} \right\} \tag{6.77}$$

が得られる．この式 (6.77) において境界条件を考慮することにより，境界値問題の解が求まる．

例えば，5.1 節で示した Dirichlet 型の境界条件を考えてみよう．ある閉曲面 S_0 上で $\phi(\mathbf{r})$ の値が与えられているとする．このとき，Green 関数に第一種境界条件

(Dirichlet 型境界条件) として

$$G(\mathbf{r},\mathbf{r}') = 0 \quad (\mathbf{r}' \in S_0) \tag{6.78}$$

を課すと,式 (6.77) の右辺の表面積分の第 1 項が消えて

$$\phi(\mathbf{r}) = \int G(\mathbf{r},\mathbf{r}')Q(\mathbf{r}')\mathrm{d}\mathbf{r}' - \int_{S_0} \mathrm{d}\mathbf{S_0} \cdot \phi(\mathbf{r}')\frac{\partial G(\mathbf{r},\mathbf{r}')}{\partial \mathbf{r}'} \tag{6.79}$$

という形で解が得られる.

7 Laplace 変換

本章では，Fourier 変換と並んで有用である Laplace 変換について学ぶ．Laplace 変換とその逆変換の求め方や，それらの基本的な性質を学ぶ．Laplace 変換を用いることにより，常微分方程式や偏微分方程式を解く上で初期値問題や境界値問題の取扱いが容易となる．その解法を示し，応用としていくつか物理的な例にも触れる．

7.1 Laplace 変換の定義と収束性

7.1.1 定　　義

定義 7.1 関数 $f(t)$ の Laplace 変換 $F(s)$ は以下の式で定義される[*1]：

$$F(s) = \mathcal{L}[f(t)](s) = \int_0^\infty f(t)e^{-st}dt. \tag{7.1}$$

ただし，一般に s は実部が正の複素数．ここで，Fourier 変換における式 (4.8) と同様に，$\mathcal{L}$ は Laplace 変換を施す演算を表すものとする．

実際の計算においては

$$F(s) = \lim_{T \to \infty} \int_0^T f(t)e^{-st}dt \tag{7.2}$$

のように積分の上限を T として積分を計算してから $T \to \infty$ の極限をとることで Laplace 変換を求めると便利なことが多い．以下では s を実数として取り扱う．

7.1.2 収　束　性

一般に，Laplace 変換は s のある範囲でのみ収束値をとる．例えば，$f(t) = 1$ の Laplace 変換を考えてみると

[*1] 上の定義は，積分範囲が $t \geq 0$ であることから片側 Laplace 変換ともよばれる．これに対し，積分の下限を $-\infty$ としたものは両側 Laplace 変換とよばれる．後者は 4 章の Fourier 変換において $i\omega \to s$ と置き換えた形式的な拡張になっている．

$$F(s) = \lim_{T\to\infty} \int_0^T \mathrm{e}^{-st} \mathrm{d}t = \lim_{T\to\infty} \left[-\frac{\mathrm{e}^{-st}}{s} \right]_0^T$$
$$= \lim_{T\to\infty} \frac{1}{s}(1 - \mathrm{e}^{-sT}) \tag{7.3}$$

となることから，$s>0$ においてのみ $\mathcal{L}(s) = 1/s$ という収束した値をもつことがわかる．

また，関数によっては s の値によらず Laplace 変換が定義できない (発散してしまう) 場合もある．例として，$f(t) = \exp(t^2)$ の Laplace 変換を考えてみると

$$F(s) = \lim_{T\to\infty} \int_0^T \exp(t^2 - st) \mathrm{d}t$$
$$= \lim_{T\to\infty} \left\{ \int_0^s \exp(t^2 - st) \mathrm{d}t + \int_s^T \exp(t^2 - st) \mathrm{d}t \right\} \tag{7.4}$$

ここで，$t > s$ では $\exp(t^2 - st) > 1$ であることより

$$F(s) > \lim_{T\to\infty} \left\{ \int_0^s \exp(t^2 - st) \mathrm{d}t + \int_s^T \mathrm{d}t \right\}$$
$$= \lim_{T\to\infty} \left\{ \int_0^s \exp(t^2 - st) \mathrm{d}t + (T - s) \right\} = \infty \tag{7.5}$$

となるため，すべての s に対して $f(t) = \exp(t^2)$ の Laplace 変換は発散する．

上の例からもわかるように，Laplace 変換は e^{-st} を掛けて積分するものなので，$f(t)$ が e^{st} よりも速く発散する場合には収束しなくなる．したがって，Laplace 変換の収束性については以下の定理が成り立つ．

定理 7.1 $f(t)$ が $t \geq 0$ において区分的に連続 (定義 2.4 参照) であるとき，ある定数 k と M に対して

$$|f(t)| \leq M\mathrm{e}^{kt} \tag{7.6}$$

を満たしているとする．このとき，$s > k$ において $f(t)$ の Laplace 変換 $F(s)$ が収束値として存在する．

(証明)
$$|F(s)| = \left| \int_0^\infty f(t) \mathrm{e}^{-st} \mathrm{d}t \right|$$

$$\leq \int_0^\infty |f(t)| \mathrm{e}^{-st} \mathrm{d}t$$
$$\leq \int_0^\infty M\mathrm{e}^{(k-s)t} \mathrm{d}t = \left[\frac{M\mathrm{e}^{(k-s)t}}{k-s}\right]_0^\infty \tag{7.7}$$

したがって，$s > k$ に対して Laplace 変換 $F(s)$ は収束値として存在する．∎

また，上の証明から明らかなように，Laplace 変換が収束する s の範囲に関しては以下の定理が成り立つ．

定理 7.2 ある $f(t)$ に対して，その Laplace 変換 $F(s)$ が $s = s_0$ に対して存在するならば，$s > s_0$ である任意の s に対して $F(s)$ は存在する．

7.2 いくつかの関数の Laplace 変換

本節では，いくつかの基本的な関数の Laplace 変換を計算してみよう．

例 7.1
$$f(t) = a \quad (a\text{ は実数}) \tag{7.8}$$

の Laplace 変換は，
$$F(s) = \lim_{T\to\infty}\int_0^T a\mathrm{e}^{-st}\mathrm{d}t = \lim_{T\to\infty}\left[-\frac{a}{s}\mathrm{e}^{-st}\right]_0^T$$
$$= \lim_{T\to\infty}\frac{a}{s}(1-\mathrm{e}^{-sT}) = \frac{a}{s}. \tag{7.9}$$

ただし $s > 0$ ($s \leq 0$ では収束しない). ◁

例 7.2
$$f(t) = \mathrm{e}^{at} \quad (a\text{ は実数}) \tag{7.10}$$

の Laplace 変換は，
$$F(s) = \lim_{T\to\infty}\int_0^T \mathrm{e}^{(a-s)t}\mathrm{d}t$$
$$= \lim_{T\to\infty}\frac{1}{s-a}\left(1-\mathrm{e}^{(a-s)T}\right) = \frac{1}{s-a}. \tag{7.11}$$

ただし $s > a$. ◁

例 7.3

$$f(t) = \cosh at \quad (a \text{ は実数}) \tag{7.12}$$

の Laplace 変換は,

$$\begin{aligned}
F(s) &= \lim_{T\to\infty} \int_0^T \frac{1}{2}(\mathrm{e}^{at} + \mathrm{e}^{-at})\mathrm{e}^{-st}\mathrm{d}t \\
&= \frac{1}{2}\left(\lim_{T\to\infty}\int_0^T \mathrm{e}^{at}\mathrm{e}^{-st}\mathrm{d}t + \lim_{T\to\infty}\int_0^T \mathrm{e}^{-at}\mathrm{e}^{-st}\mathrm{d}t\right) \\
&= \frac{1}{2}\left(\frac{1}{s-a} + \frac{1}{s+a}\right) = \frac{s}{s^2 - a^2}.
\end{aligned} \tag{7.13}$$

ただし $s > |a|$.

$a \to \mathrm{i}a$ と置き換えることによって, $f(t) = \cos at$ の Laplace 変換が以下の形に求まる.

$$F(s) = \frac{s}{s^2 + a^2} \quad (s > 0) \tag{7.14}$$

同様にして, $\sinh at, \sin at$ の Laplace 変換も以下の形に求まる.

$$f(t) = \sinh at \longrightarrow F(s) = \frac{a}{s^2 - a^2} \quad (s > a) \tag{7.15}$$

$$f(t) = \sin at \longrightarrow F(s) = \frac{a}{s^2 + a^2} \quad (s > 0) \tag{7.16}$$

◁

例 7.4

$$f(t) = t^a \quad (a \text{ は } -1 \text{ より大きい実数}) \tag{7.17}$$

の Laplace 変換は,

$$F(s) = \int_0^\infty t^a \mathrm{e}^{-st}\mathrm{d}t. \tag{7.18}$$

$st = u$ と変数変換すると,

$$F(s) = \int_0^\infty \frac{u^a}{s^a}\mathrm{e}^{-u}\frac{\mathrm{d}u}{s}$$

$$= \frac{1}{s^{a+1}} \int_0^\infty u^a \mathrm{e}^{-u} \mathrm{d}u = \frac{\Gamma(a+1)}{s^{a+1}}. \tag{7.19}$$

ただし $s > 0$ とし，$\Gamma(x)$ はガンマ関数である．特に $a = n$ (n は非負の整数) の場合には

$$F(s) = \frac{n!}{s^{n+1}}. \tag{7.20}$$

◁

例 7.5 単位階段関数 (4.5.2 項の脚注も参照)

$$f(t) = \Theta(t-a) = \begin{cases} 1 & (t \geq a) \\ 0 & (t < a) \end{cases} \tag{7.21}$$

(a は非負の実数) の Laplace 変換は，

$$F(s) = \int_a^\infty \mathrm{e}^{-st} \mathrm{d}t = \left[-\frac{\mathrm{e}^{-st}}{s}\right]_a^\infty = \frac{\mathrm{e}^{-as}}{s}. \tag{7.22}$$

ただし $s > 0$.

◁

7.3 Laplace 変換に関する関係式

7.3.1 基本的な性質

(1) 線形性：関数 $f(t), g(t)$ に対して，α, β を定数として

$$\mathcal{L}[\alpha f(t) + \beta g(t)] = \alpha \mathcal{L}[f(t)] + \beta \mathcal{L}[g(t)] \tag{7.23}$$

が成り立つ．定義より明らか (式 (7.13) の計算ですでに用いた)．

(2) t の定数倍：正の実数 α に対して

$$\mathcal{L}[f(\alpha t)](s) = \frac{1}{\alpha} \mathcal{L}[f(t)]\left(\frac{s}{\alpha}\right) \tag{7.24}$$

が成り立つ．式 (7.1) で $t \to t/\alpha$ と変数変換することで確かめられる．

(3) $f(t) \to f(t+\alpha)$ (t に関する並進)：定数 α に対して

$$\mathcal{L}[f(t+\alpha)] = \mathrm{e}^{\alpha s}\left\{F(s) - \int_0^\alpha f(t)\mathrm{e}^{-st}\mathrm{d}t\right\} \tag{7.25}$$

（証明） 式 (7.1) の定義より

$$\mathcal{L}[f(t+\alpha)] = \int_0^\infty f(t+\alpha)\mathrm{e}^{-st}\mathrm{d}t \tag{7.26}$$

$t+\alpha = u$ と変数変換することにより

$$\begin{aligned}\mathcal{L}[f(t+\alpha)] &= \int_\alpha^\infty f(u)\mathrm{e}^{-s(u-\alpha)}\mathrm{d}u \\ &= \mathrm{e}^{\alpha s}\left\{\int_0^\infty f(u)\mathrm{e}^{-su}\mathrm{d}u - \int_0^\alpha f(u)\mathrm{e}^{-su}\mathrm{d}u\right\}\end{aligned} \tag{7.27}$$

∎

(4) $F(s) \to F(s-\alpha)$ (s に関する並進)：定数 α に対して，

$$F(s-\alpha) = \mathcal{L}[\mathrm{e}^{\alpha t}f(t)] \tag{7.28}$$

（証明） 式 (7.1) の定義より

$$\begin{aligned}F(s-\alpha) &= \int_0^\infty f(t)\mathrm{e}^{-(s-\alpha)t}\mathrm{d}t \\ &= \int_0^\infty (\mathrm{e}^{\alpha t}f(t))\mathrm{e}^{-st}\mathrm{d}t = \mathcal{L}[\mathrm{e}^{\alpha t}f(t)]\end{aligned} \tag{7.29}$$

∎

7.3.2 　導関数の Laplace 変換

定理 **7.3** $f(t)$ の導関数 $f'(t)$ の Laplace 変換は以下の形に求まる：

$$\mathcal{L}[f'(t)] = sF(s) - f(0). \tag{7.30}$$

ただし $s > 0$ とし，$f(t)$ の Laplace 変換 $F(s)$ は発散しないものとする．

(証明) 部分積分を用いて

$$\begin{aligned}
\mathcal{L}[f'(t)] &= \int_0^\infty f'(t)\mathrm{e}^{-st}\mathrm{d}t \\
&= \left[f(t)\mathrm{e}^{-st}\right]_0^\infty + s\int_0^\infty f(t)\mathrm{e}^{-st}\mathrm{d}t \\
&= sF(s) - f(0)
\end{aligned} \quad (7.31)$$

ただし，$f(t)$ が $t=0$ で不連続な場合には，$f(0)$ は $\lim_{t\to +0} f(t)$ ととる． ∎

同様に，n 階微分 $f^{(n)}(t)$ に関しても，部分積分を繰り返すことによって以下の式が得られる：

$$\mathcal{L}[f^{(n)}(t)] = s^n F(s) - \sum_{m=0}^{n-1} s^{n-1-m} f^{(m)}(0). \quad (7.32)$$

式 (7.31) と同様に，$f^{(m)}(t)$ が $t=0$ で不連続な場合には，$f^{(m)}(0)$ は $\lim_{t\to +0} f^{(m)}(t)$ ととる．

7.3.3 原始関数の Laplace 変換

定理 7.4 $f(t)$ の原始関数

$$F_0(t) = \int_0^t f(u)\mathrm{d}u \quad (7.33)$$

の Laplace 変換は以下の形に求まる：

$$\mathcal{L}[F_0(t)] = \frac{1}{s} F(s). \quad (7.34)$$

ただし $s > 0$.

(証明) $F_0'(t) = f(t)$ であることから，式 (7.30) を用いて

$$F(s) = \mathcal{L}[f(t)] = \mathcal{L}[F_0'(t)] = s\mathcal{L}[F_0(t)] - F_0(0). \quad (7.35)$$

ここで $F_0(0) = 0$ より，式 (7.34) を得る． ∎

同様に，n 階積分に関しても，

$$\mathcal{L}\left[\int_0^t \int_0^{u_{n-1}} \cdots \int_0^{u_1} f(u)\,\mathrm{d}u\,\mathrm{d}u_1 \cdots \mathrm{d}u_{n-1}\right] = \frac{1}{s^n} F(s) \quad (7.36)$$

が成り立つ．

7.3.4 たたみこみ積分の Laplace 変換

4.6 節で導入した関数 f と g のたたみこみ積分 (合成積) は，Laplace 変換の場合には次式で定義される：

$$f \star g \equiv \int_0^t f(t-u)g(u)\mathrm{d}u. \tag{7.37}$$

これは式 (4.50) とは積分範囲が異なるが，Laplace 変換が正の定義域に対する積分であることから $t < 0$ に対して $f(t) = g(t) = 0$ と考えてもよいことに対応している．

定理 7.5 たたみこみ積分の Laplace 変換は以下の形に求まる：

$$\mathcal{L}[f \star g] = \mathcal{L}[f]\mathcal{L}[g]. \tag{7.38}$$

つまり，たたみこみ積分の Laplace 変換は Laplace 変換の積で与えられる．

(証明)

$$\begin{aligned}\mathcal{L}[f \star g] &= \int_0^\infty \left\{ \int_0^t f(t-u)g(u)\mathrm{d}u \right\} \mathrm{e}^{-st}\mathrm{d}t \\ &= \int_0^\infty \left\{ \int_0^t \mathrm{e}^{-su}g(u)\mathrm{e}^{-s(t-u)}f(t-u)\mathrm{d}u \right\} \mathrm{d}t \end{aligned} \tag{7.39}$$

積分範囲 (図 7.1) に注意すると以下のように書き換えることができる：

$$\mathcal{L}[f \star g] = \int_0^\infty \left\{ \int_u^\infty \mathrm{e}^{-su}g(u)\mathrm{e}^{-s(t-u)}f(t-u)\mathrm{d}t \right\} \mathrm{d}u. \tag{7.40}$$

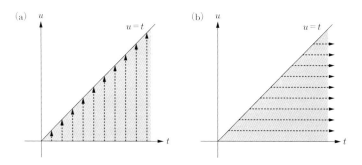

図 7.1 (a) 式 (7.39) と (b) 式 (7.40) の積分範囲．点線矢印はそれぞれ先に計算する積分を示している．

ここで，$t-u=v$ と変数変換することにより

$$\mathcal{L}[f \star g] = \int_0^\infty g(u)\mathrm{e}^{-su}\mathrm{d}u \int_0^\infty f(v)\mathrm{e}^{-sv}\mathrm{d}v$$
$$= \mathcal{L}[g]\mathcal{L}[f]. \tag{7.41}$$

∎

7.4 Laplace 逆変換

定義 7.2 ある関数 $\tilde{f}(s)$ に対して，$\mathcal{L}[f(t)](s) = \tilde{f}(s)$ を満たすような関数 $f(t)$ が存在する場合，$f(t)$ を $\tilde{f}(s)$ の Laplace 逆変換とよび，$\mathcal{L}^{-1}[\tilde{f}(s)](t)$ と表す．

ここまで，Laplace 変換を導入していながら Laplace 逆変換については触れていなかったのは，以下でみるように，一般には Laplace 逆変換の計算は容易ではないからである．

簡単な関数の場合には，7.2 節で例を挙げたような初等関数に対する Laplace 変換と 7.3 節でみた Laplace 変換の性質を用いて Laplace 逆変換を求めることができる (7.5, 7.6 節の例参照)．初等的な関数の Laplace 変換に関しては，いわゆる Laplace 変換表とよばれるものにまとめられているので，それを参照するのが便利である．そのごく一部を表 7.1 に載せておく．

一般には，以下のように複素積分を用いることで，Laplace 逆変換を計算することができる．

まず，定理 7.1 でみたように，Laplace 変換においては $f(t)$ は指数関数的に発散してもよいため，指数関数部分を別扱いするために $f(t) = \mathrm{e}^{\gamma t} g(t)$ とおく．$g(t)$ は指数関数的な発散を含まない部分である．式 (4.5) より，$g(t)$ に Fourier 変換を適用すると

$$g(t) = \int_{-\infty}^\infty \left\{ \frac{1}{2\pi} \int_0^\infty g(\tau)\mathrm{e}^{-\mathrm{i}\omega\tau}\mathrm{d}\tau \right\} \mathrm{e}^{\mathrm{i}\omega t}\mathrm{d}\omega \tag{7.42}$$

と書ける．ここで，$t<0$ で $g(t)=0$ とした．よって

$$f(t) = \frac{\mathrm{e}^{\gamma t}}{2\pi} \int_{-\infty}^\infty \left\{ \int_0^\infty \mathrm{e}^{-\gamma\tau} f(\tau)\mathrm{e}^{-\mathrm{i}\omega\tau}\mathrm{d}\tau \right\} \mathrm{e}^{\mathrm{i}\omega t}\mathrm{d}\omega \tag{7.43}$$

と書ける．右辺の括弧の中の積分は，$s = \gamma + \mathrm{i}\omega$ (γ, ω は実数) として複素数 s を

表 **7.1** Laplace 変換表.

$f(t)$	$\mathcal{L}[f(t)]$	参考
1	$\dfrac{1}{s}$	例 7.1
t	$\dfrac{1}{s^2}$	
$t^a \quad (a > -1)$	$\dfrac{\Gamma(a+1)}{s^{a+1}}$	例 7.4
e^{at}	$\dfrac{1}{s-a}$	例 7.2
$t^p \mathrm{e}^{at} \quad (p > -1)$	$\dfrac{\Gamma(p+1)}{(s-a)^{p+1}}$	
$\cos at$	$\dfrac{s}{s^2+a^2}$	例 7.3
$\sin at$	$\dfrac{a}{s^2+a^2}$	例 7.3
$\cosh at$	$\dfrac{s}{s^2-a^2}$	例 7.3
$\sinh at$	$\dfrac{a}{s^2-a^2}$	例 7.3
$\mathrm{e}^{\lambda t}\cos at$	$\dfrac{s-\lambda}{(s-\lambda)^2+a^2}$	
$\mathrm{e}^{\lambda t}\sin at$	$\dfrac{a}{(s-\lambda)^2+a^2}$	
$t\sin at$	$\dfrac{2as}{(s+a^2)^2}$	
$\dfrac{1}{t}\sin at$	$\arctan\dfrac{a}{s}$	
$\Theta(t-a)$	$\dfrac{\mathrm{e}^{-as}}{s}$	例 7.5
$\delta(t-a)$	e^{-as}	

導入すると，

$$\int_0^\infty f(\tau)\mathrm{e}^{-s\tau}\mathrm{d}\tau = F(s) \tag{7.44}$$

となり，$f(t)$ の Laplace 変換を与える．したがって式 (7.43) は，積分変数を s にとりなおすことによって

$$f(t) = \frac{e^{\gamma t}}{2\pi i} \int_{\gamma-i\infty}^{\gamma+i\infty} F(s)e^{(s-\gamma)t} ds = \frac{1}{2\pi i} \int_{\gamma-i\infty}^{\gamma+i\infty} F(s)e^{st} ds \tag{7.45}$$

という複素積分の形に書くことができる．これは複素積分の形で Laplace 逆変換を与える式になっている．積分は，複素平面上で虚軸に平行な $\text{Re}\, s = \gamma$ の線に沿って計算する．積分の値は，留数積分を用いるか，あるいは数値積分を行うことによって求める．

例 **7.6**

$$F(s) = \frac{a}{s^2 + a^2} \quad (s > 0) \tag{7.46}$$

の Laplace 逆変換を上記の複素積分の方法で求めてみよう．これは例 7.3 で $f(t) = \sin at$ [式 (7.16)] であることがわかっているが，ここでは留数積分を用いて求めてみる．

式 (7.46) を式 (7.45) に代入して

$$f(t) = \frac{a}{2\pi i} \int_{\gamma-i\infty}^{\gamma+i\infty} \frac{e^{st}}{s^2 + a^2} ds. \tag{7.47}$$

この複素積分における被積分関数は $s = \pm ia$ に 1 位の極をもつので，それらを囲む積分経路 C (図 7.2) を考えると

$$\oint_C \frac{e^{st}}{s^2 + a^2} ds = \int_{\gamma-iR}^{\gamma+iR} \frac{e^{st}}{s^2 + a^2} ds + \int_{C_R} \frac{e^{st}}{s^2 + a^2} ds \tag{7.48}$$

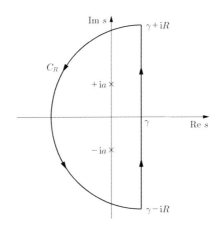

図 **7.2** 式 (7.48) における積分経路 C．半円弧の部分が C_R．

と書ける．左辺の複素積分は，留数定理を用いると $s = \pm ia$ における留数の和に等しいので

$$\oint_C \frac{e^{st}}{s^2+a^2} ds = 2\pi i \frac{e^{iat}-e^{-iat}}{2ia} = \frac{2\pi i}{a} \sin at \tag{7.49}$$

となる．一方，右辺第2項は Jordan の補題より $R \to \infty$ でゼロとなる．したがって

$$\mathcal{L}^{-1}\left[\frac{a}{s^2+a^2}\right] = \lim_{R\to\infty} \frac{a}{2\pi i} \int_{\gamma-iR}^{\gamma+iR} \frac{e^{st}}{s^2+a^2} ds = \sin at \tag{7.50}$$

となることがわかる． ◁

7.5 Laplace 変換を用いた線形常微分方程式の初期値問題の解法

Laplace 変換を応用して，$x(t)$ に関する n 階の常微分方程式

$$x^{(n)} = F(x, x', x'', \cdots, x^{(n-1)}, t) \tag{7.51}$$

を，初期条件

$$x(t_0) = c_0, \quad x'(t_0) = c_1, \quad \cdots, \quad x^{(n-1)}(t_0) = c_{n-1} \tag{7.52}$$

のもとで解くことを考える．

例 7.7 もっとも簡単な例の一つとして，1階の常微分方程式

$$x'(t) + ax = f(t) \quad (a \text{ は定数}) \tag{7.53}$$

を，初期条件

$$x(0) = c \quad (c \text{ は定数}) \tag{7.54}$$

のもとで解くことを考えよう．

まず，式 (7.53) の両辺の Laplace 変換を考える．$x(t)$ の Laplace 変換を $X(s)$，$f(x)$ の Laplace 変換を $F(s)$ として，線形性 (7.23) と導関数に関する式 (7.30) を用いると

$$\mathcal{L}[x'(t) + ax] = \mathcal{L}[x'(t)] + a\mathcal{L}[x(t)]$$

7.5 Laplace 変換を用いた線形常微分方程式の初期値問題の解法

$$= \{sX(s) - x(0)\} + aX(s) = F(s) \tag{7.55}$$

と書ける．これを X について解くと

$$X(s) = \frac{1}{s+a}\{x(0) + F(s)\} = \frac{c}{s+a} + \frac{F(s)}{s+a} \tag{7.56}$$

となる．ここで，初期条件 $x(0) = c$ を代入したことに注意．これを Laplace 逆変換することにより

$$x(t) = c\mathrm{e}^{-at} + \int_0^t \mathrm{e}^{-a(t-u)} f(u)\mathrm{d}u \tag{7.57}$$

という解が得られる．ここで，第 1 項には式 (7.11) を，第 2 項には式 (7.37) と (7.38) のたたみこみ積分を用いた．式 (7.57) は，初期条件 (7.54) のもとでの式 (7.53) の $t \geq 0$ における解になっている． ◁

例 7.8 次に以下の 2 階の常微分方程式について考えてみよう：

$$x'' + ax' + bx = f(t), \quad x(0) = c_0,\ x'(0) = c_1. \tag{7.58}$$

ここで a, b, c_0, c_1 はそれぞれ定数である．

式 (7.58) の第 1 式の両辺に Laplace 変換を用いると，導関数に対する Laplace 変換 (7.32) を用いて

$$\begin{aligned}
&\{s^2 X - sx(0) - x'(0)\} + a\{sX - x(0)\} + bX \\
&= (s^2 X - sc_0 - c_1) + a(sX - c_0) + bX = F(s)
\end{aligned} \tag{7.59}$$

と書ける．ここで式 (7.58) の第 2 式と第 3 式を代入したことに注意．これを X について解くと

$$X = \frac{1}{s^2 + as + b}\{c_1 + c_0(s+a) + F(s)\} \tag{7.60}$$

となる．右辺を少し書き換えて

$$X = \frac{1}{\left(s+\frac{a}{2}\right)^2 + \left(b - \frac{a^2}{4}\right)}\left\{\left(c_1 + c_0\frac{a}{2}\right) + c_0\left(s + \frac{a}{2}\right) + F(s)\right\} \tag{7.61}$$

として，各項に Laplace 逆変換を用いることで

$$x(t) = \mathrm{e}^{-\frac{a}{2}t}\left\{\frac{1}{d}\left(c_1 + c_0\frac{a}{2}\right)\sin dt + c_0 \cos dt + \int_0^t \frac{1}{d}\sin d(t-u) f(u)\mathrm{d}u\right\} \tag{7.62}$$

という解が得られる．ここで $d \equiv \sqrt{b - a^2/4}$ とした．この計算には，式 (7.16)，(7.14) と式 (7.28) の s に関する並進，および式 (7.37) と (7.38) のたたみこみ積分を用いた． ◁

上記の例からわかるとおり，Laplace 変換を用いた線形常微分方程式の初期値問題の解法は次のようにまとめられる．

(1) 与えられた $x(t)$ に関する線形常微分方程式に Laplace 変換を用いることで，$x(t)$ の Laplace 変換 $X(s)$ に関する単純な代数方程式を得る．
(2) 得られた代数方程式を解いて $X(s)$ を求める．
(3) 得られた解 $X(s)$ を Laplace 逆変換することで特殊解 $x(t)$ が求まる．

通常の求積法による解法では，まず一般解を求め，そこに含まれる任意定数を初期条件に合うように定めることで特殊解を求める．これとは対照的に Laplace 変換を用いた解法では，与えられた初期条件が (1) の手順で求まる代数方程式に自動的に含まれるため，任意定数が出てこないところに特徴がある．具体的な計算例として，物理的な問題への応用例を 7.7.1–7.7.3 項で示す．

7.6 Laplace 変換を用いた偏微分方程式の解法

次に，6 章で紹介した波動方程式や拡散方程式といった偏微分方程式を Laplace 変換を用いて解くことを考える．6.2–6.4 節でみたように，偏微分方程式の一般解はいくつかの任意の関数を含んでおり，一意的な解を定めるには境界条件や初期条件を必要とする．例えば，拡散方程式に関する例 6.1 では，境界条件 (6.23) と初期条件 (6.24) のもとで解を求めた．

こうした偏微分方程式は，前節 7.5 の常微分方程式と同様に，Laplace 変換を用いて解くこともできる．この場合，6 章における Fourier 変換を用いた解法と比較すると，7.5 節の常微分方程式のときと同様に，境界条件や初期条件が自動的に解を求める手順に含まれることが特徴である．そのことと表裏一体ではあるが，Laplace 変換による解法では一般解は求まらない．

例として，2 変数関数 $u(x, t)$ に関する以下の偏微分方程式を考えよう：

$$\frac{\partial^2 u}{\partial t^2} + a \frac{\partial u}{\partial t} + b \frac{\partial^2 u}{\partial t \partial x} = p \frac{\partial^2 u}{\partial x^2} + q \frac{\partial u}{\partial x}. \tag{7.63}$$

ここで a, b, p, q は定数とする．境界条件として
$$u(0,t) = P(t), \quad u(L,t) = Q(t) \tag{7.64}$$
初期条件として
$$u(x,0) = f(x), \quad \left.\frac{\partial}{\partial t}u(x,t)\right|_{t=0} = g(x) \tag{7.65}$$
が与えられているものとする．

まず，$u(x,t)$ の t に関する Laplace 変換を
$$\mathcal{L}_t[u(x,t)] = \int_0^\infty u(x,t)e^{-st}\mathrm{d}t = U(x,s) \tag{7.66}$$
と書くことにする．ここで，2 変数のうち t に関する Laplace 変換であることを明示するために，$\mathcal{L}$ に下添字 t を付した．導関数に対する Laplace 変換 (7.32) より
$$\mathcal{L}_t\left[\frac{\partial}{\partial t}u(x,t)\right] = sU(x,s) - u(x,0) \tag{7.67}$$
$$\mathcal{L}_t\left[\frac{\partial^2}{\partial t^2}u(x,t)\right] = s^2 U(x,t) - su(x,0) - \left.\frac{\partial}{\partial t}u(x,t)\right|_{t=0} \tag{7.68}$$
が成り立つ．また，x に関する偏微分と t に関する Laplace 変換が交換できるものとすると，以下の関係も成り立つ：
$$\mathcal{L}_t\left[\frac{\partial^2}{\partial x^2}u(x,t)\right] = \frac{\partial^2}{\partial x^2}U(x,s) \tag{7.69}$$
$$\mathcal{L}_t\left[\frac{\partial}{\partial x}u(x,t)\right] = \frac{\partial}{\partial x}U(x,s) \tag{7.70}$$
$$\mathcal{L}_t\left[\frac{\partial^2}{\partial t \partial x}u(x,t)\right] = s\frac{\partial}{\partial x}U(x,s) - \frac{\partial}{\partial x}u(x,0). \tag{7.71}$$
これらを式 (7.63) の両辺を t に関して Laplace 変換した式に代入すると
$$s^2 U(x,s) - su(x,0) - \left.\frac{\partial}{\partial t}u(x,t)\right|_{t=0} + a\{sU(x,s) - u(x,0)\}$$
$$+ b\left\{s\frac{\partial}{\partial x}U(x,s) - \frac{\partial}{\partial x}u(x,0)\right\} = p\frac{\partial^2}{\partial x^2}U(x,s) + b\frac{\partial}{\partial x}U(x,s) \tag{7.72}$$
となる．ここで，初期条件 (7.65) を代入することができて
$$s^2 U(x,s) - sf(x) - g(x) + a\{sU(x,s) - f(x)\}$$

$$+ q\left\{s\frac{\partial}{\partial x}U(x,s) - \frac{\mathrm{d}}{\mathrm{d}x}f(x)\right\} = p\frac{\partial^2}{\partial x^2}U(x,s) + b\frac{\partial}{\partial x}U(x,s) \tag{7.73}$$

と書ける．

式 (7.73) からは s に関する偏微分は消えているため，これを $U(x,s)$ に関する x を変数とした微分方程式とみなすことができる．これは，前節 7.5 と同様にして Laplace 変換を用いて解くことができる．その際には，$U(x,s)$ の x に関する Laplace 変換として

$$\mathcal{L}_x[U(x,s)] = \int_0^\infty U(x,s)e^{-\xi x}\mathrm{d}x = \mathcal{U}(\xi,s) \tag{7.74}$$

を導入し，境界条件 (7.64) を用いることになる．求まった $\mathcal{U}(\xi,s)$ を ξ に関して Laplace 逆変換して $U(x,s)$ を求め，最後に $U(x,s)$ を s に関して Laplace 逆変換することで $u(x,t)$ の解が求まる．

具体的な例として，波動方程式と拡散方程式の解法をそれぞれ 7.7.4 項と 7.7.5 項に示す．

7.7 Laplace 変換の応用

本節では，物理的な問題への Laplace 変換の応用例をいくつか示す．常微分方程式への応用例として，最初に直線上を運動する質点の問題を Laplace 変換を用いて解く．また，簡単な電気回路の問題を取り上げて，その回路方程式が質点の運動方程式と同じ形をしていることから同様に解けることを示す．さらに，自動制御系の簡単な例を示し，Laplace 変換の有用性を論じる．最後に，偏微分方程式への応用例として，波動方程式と拡散方程式の解法を示す．

7.7.1 質点の運動

質量 m の質点が直線上を運動する問題を考える．この質点には，原点からの距離に比例する引力，速度に比例する抵抗力，および時間に依存する外力 $f(t)$ がはたらくものとする．時刻 t における質点の位置を $x(t)$ として，この質点の運動を記述する運動方程式は

$$mx''(t) = -kx(t) - \gamma x'(t) + f(t) \quad (k \geq 0, \gamma \geq 0) \tag{7.75}$$

と書くことができる．

例 7.9 まずはもっとも単純な場合として，式 (7.75) において $k > 0, \gamma = 0, f(t) = 0$ の場合を考えよう：

$$mx''(t) + kx(t) = 0 \quad (k > 0). \tag{7.76}$$

これは単振動を記述する運動方程式である．これを初期条件

$$x(0) = x_0, \quad x'(0) = 0 \tag{7.77}$$

のもとで解くことを考える．

式 (7.76) の両辺を Laplace 変換する．$\mathcal{L}[x(t)] = X(s)$ として，

$$m\{s^2 X(s) - sx(0) - x'(0)\} + kX(s) = 0. \tag{7.78}$$

初期条件を代入すると

$$ms^2 X(s) - msx_0 + kX(s) = 0 \tag{7.79}$$

が得られる．したがって，

$$X(s) = \frac{s}{s^2 + \omega_0^2} x_0 \tag{7.80}$$

が得られる．ここで $\omega_0^2 = \frac{k}{m}$ とした．式 (7.14) を用いて Laplace 逆変換を行うことにより

$$x(t) = x_0 \cos \omega_0 t \tag{7.81}$$

というよく知られた単振動の解が得られる． ◁

例 7.10 次に，式 (7.75) において $k > 0, \gamma > 0, f(t) = 0$ とした場合を考えよう：

$$mx''(t) + \gamma x'(t) + kx(t) = 0 \quad (\gamma > 0, k > 0). \tag{7.82}$$

これは抵抗力がはたらいたもとでの減衰振動の問題である．初期条件は例 7.9 と同じ式 (7.77) で与えられるものとする．

単振動の場合と同様に式 (7.82) の両辺を Laplace 変換して，初期条件を代入することにより

$$m\{s^2 X(s) - sx_0\} + \gamma\{sX(s) - x_0\} + kX(s) = 0 \tag{7.83}$$

が得られる．したがって，

$$X(s) = \frac{ms + \gamma}{ms^2 + \gamma s + k} x_0 \tag{7.84}$$

という形にLaplace変換が求まる．これをLaplace逆変換するための準備として

$$\begin{aligned}
X(s) &= \frac{s + \frac{\gamma}{m}}{\left(s + \frac{\gamma}{2m}\right)^2 + \left(\omega_0^2 - \frac{\gamma^2}{4m^2}\right)} x_0 \\
&= \left\{ \frac{s + \frac{\gamma}{2m}}{\left(s + \frac{\gamma}{2m}\right)^2 + \omega_1^2} + \frac{\frac{\gamma}{2m}}{\left(s + \frac{\gamma}{2m}\right)^2 + \omega_1^2} \right\} x_0
\end{aligned} \tag{7.85}$$

と変形する．ただし $\omega_1^2 = \omega_0^2 - \frac{\gamma^2}{4m^2}$ とした．以下，ω_1^2 の値に応じて三つの場合を考える．

(1) $\omega_1^2 > 0$ の場合：式 (7.85) の各項にLaplace逆変換を用いることにより

$$\begin{aligned}
x(t) &= x_0 \exp\left(-\frac{\gamma}{2m} t\right) \left(\cos \omega_1 t + \frac{\gamma}{2m\omega_1} \sin \omega_1 t \right) \\
&= x_0 \frac{\omega_0}{\omega_1} \exp\left(-\frac{\gamma}{2m} t\right) \cos(\omega_1 t - \phi)
\end{aligned} \tag{7.86}$$

という形で，単振動に指数関数的な減衰因子がかかった減衰振動の解が得られる．ただし $\phi = \arctan \frac{\gamma}{2m\omega_1}$ とした．

(2) $\omega_1^2 < 0$ の場合：この場合，$\tilde{\omega}_1^2 = -\omega_1^2 > 0$ として，式 (7.85) より，

$$x(t) = x_0 \exp\left(-\frac{\gamma}{m} t\right) \left\{ \frac{\tilde{\omega}_1^+}{2\tilde{\omega}_1} \exp(\tilde{\omega}_1^+ t) - \frac{\tilde{\omega}_1^-}{2\tilde{\omega}_1} \exp(\tilde{\omega}_1^- t) \right\} \tag{7.87}$$

という解が得られる．ただし $\tilde{\omega}_1^{\pm} = \frac{\gamma}{2m} \pm \tilde{\omega}_1$ とした．これは，振動せずに減衰する過減衰を表している．

(3) 両者の中間である $\omega_1^2 = 0$ の場合には

$$x(t) = x_0 \exp\left(-\frac{\gamma}{2m} t\right) \left(1 + \frac{\gamma}{2m} t\right) \tag{7.88}$$

という解になる．これは臨界減衰とよばれる． ◁

例 7.11 最後に外力 $f(t)$ も考慮して，式 (7.75) を初期条件

$$x(0) = 0, \quad x'(0) = 0 \tag{7.89}$$

のもとで解くことを考えよう．

式 (7.75) の両辺を Laplace 変換して，初期条件を代入することにより

$$ms^2 X(s) + \gamma s X(s) + k X(s) = F(s) \tag{7.90}$$

を得る．ただし $\mathcal{L}[f(t)] = F(s)$ とした．よって

$$X(s) = \frac{F(s)}{m} \frac{1}{\left(s + \frac{\gamma}{2m}\right)^2 + \omega_1^2} \tag{7.91}$$

という積の形に書ける．7.3.4 項で示したとおり，Laplace 変換の積はたたみこみ積分の Laplace 変換に等しいため，式 (7.91) の Laplace 逆変換は，例えば上記 (1) の $\omega_1^2 > 0$ の場合には以下のたたみこみ積分で与えられる：

$$x(t) = \frac{1}{m\omega_1} \int_0^t du\, F(t-u) \exp\left(-\frac{\gamma}{2m} u\right) \sin \omega_1 u. \tag{7.92}$$

◁

7.7.2 電 気 回 路

電気抵抗，コイル，コンデンサ，および電池を直列につないだ電気回路を考える．ここで，電気抵抗の抵抗値を R，コイルのインダクタンスを L，コンデンサの電気容量を C とし，電源の起電力は時刻 t に依存した関数 $V(t)$ であるとする (図 7.3)．回路を流れる電流を $I(t)$，コンデンサに蓄えられた電荷を $Q(t)$ とすると，以下の回路方程式が成り立つ：

$$RI(t) + LI'(t) + \frac{1}{C} Q(t) = V(t). \tag{7.93}$$

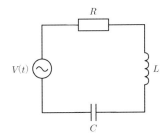

図 **7.3** 電気回路の図．

これに $I(t) = \dfrac{dQ(t)}{dt}$ を代入すると

$$LQ''(t) = -\frac{1}{C}Q(t) - RQ'(t) + V(t) \tag{7.94}$$

となる．これは質点の運動方程式 (7.75) と同等な形をしているので，7.7.2 項の例と同様に Laplace 変換を用いて解くことができる．

7.7.3 制 御 問 題

常微分方程式への Laplace 変換の応用の最後の例として，自動制御系のもっとも単純な場合を考えよう．一般に自動制御系とは，時々刻々と変化する入力に対してそれに応じた出力を与えるシステムのことを指す．こうした自動制御系は，温度を自動制御するサーモスタットや自動車のハンドル・アクセル・ブレーキ操作など，さまざまな場面で利用されている．

ここでは，入力値の変化に対して出力値との比較をフィードバックして，目標とする出力値との差をゼロにするようにはたらくフィードバック制御系とよばれる例を考えよう．図 7.4 にその概念図を示す．ここで各装置は入力と出力の間に線形性が成り立つものとする (線形システム)．この例の場合には，各装置の入出力の間に以下の関係が成り立つものとしよう．

$$g_{\text{in}}(t) = a\, f_{\text{in}}(t) \quad (入力設定装置) \tag{7.95}$$
$$g_{\text{out}}(t) = b\, f_{\text{out}}(t) \quad (検出部) \tag{7.96}$$
$$g_{\text{err}}(t) = g_{\text{in}}(t) - g_{\text{out}}(t) \quad (比較部) \tag{7.97}$$
$$h(t) = c\, g_{\text{err}}(t) \quad (制御装置) \tag{7.98}$$

ここで a, b, c は定数．その上で，操作量 $h(t)$ と制御量 $f_{\text{out}}(t)$ の間には

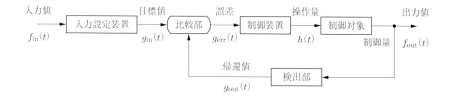

図 **7.4** 単純なフィードバック制御系の概念図．

$$f''_{\text{out}}(t) + k f'_{\text{out}}(t) = d\,h(t) \tag{7.99}$$

という関係が成り立つものとする (d, k は定数). 式 (7.99) は, 例えば式 (7.75) と比較することにより, $d\,h(t)$ を力とみなせば, それと出力部分の位置 $f_{\text{out}}(t)$ とを関係付けるものとみることができる. 式 (7.95)–(7.99) までをまとめたものは線形の常微分方程式なので, 与えられた初期条件のもとで Laplace 変換を用いて解くことができる.

実際に式 (7.95)–(7.99) に Laplace 変換を施すと, $\mathcal{L}[f_{\text{in}}(t)] = F_{\text{in}}(s)$ などと書くことにして

$$G_{\text{in}}(s) = a\,F_{\text{in}}(s) \tag{7.100}$$

$$G_{\text{out}}(s) = b\,F_{\text{out}}(s) \tag{7.101}$$

$$G_{\text{err}}(s) = G_{\text{in}}(s) - G_{\text{out}}(s) \tag{7.102}$$

$$H(s) = c\,G_{\text{err}}(s) \tag{7.103}$$

$$s^2 F_{\text{out}}(s) + s k\,F_{\text{out}}(s) = d\,H(s) \tag{7.104}$$

が得られる. ここで, 初期条件はすべてゼロとした. まとめると

$$\begin{aligned}
F_{\text{out}}(s) &= \frac{d}{s(s+k)} H(s) = \frac{cd}{s(s+k)} G_{\text{err}}(s) \\
&= \frac{cd}{s(s+k)} \left\{ G_{\text{in}}(s) - G_{\text{out}}(s) \right\} \\
&= \frac{cd}{s(s+k)} \left\{ a\,F_{\text{in}}(s) - b\,F_{\text{out}}(s) \right\}.
\end{aligned} \tag{7.105}$$

これを F_{out} について解き直すことで

$$F_{\text{out}}(s) = \frac{acd}{s(s+k) + bcd} F_{\text{in}}(s) \tag{7.106}$$

という形で, 全体の入力と出力の Laplace 変換の間の関係式が求まる.

こうした自動制御系のようなシステムに対して Laplace 変換を用いる利点は, 各装置 l の入力 $F_l(s)$ と出力 $G_l(s)$ の関係を Laplace 変換によって

$$G_l(s) = W_l(s) F_l(s) \tag{7.107}$$

と書いた場合に, システムの全体あるいは部分に関する応答が簡単な演算で計算できる点にある.

例えば，装置 1, 2 のそれぞれ応答が W_1, W_2 である場合に，二つの装置を接続した際の全体の応答 W はそれぞれ以下のように書ける．

(1) 直列接続 [図 7.5(a) 参照]: $W = W_1 W_2$

  (証明) 装置 1 の入力を F, 出力を G, 装置 2 の出力を H とすると，$G = W_1 F$, $H = W_2 G$ より $H = W_1 W_2 F$. したがって $W = W_1 W_2$. ∎

(2) 並列接続 [図 7.5(b) 参照]: $W = W_1 \pm W_2$

  (証明) 装置 1, 2 の入力は共通なのでそれを F とすると，$W_1 F \pm W_2 F = (W_1 \pm W_2) F$ より $W = W_1 \pm W_2$. ∎

(3) フィードバック [図 7.5(c) 参照]: $W = W_1/(1 \mp W_1 W_2)$

  (証明) 全体の入力を F, 装置 1 の出力を H, 装置 2 の出力を G とすると $H = W_1(F \pm G)$. 装置 2 の入力は H なので $G = W_2 H$. 二つをまとめると $W_1(F \pm W_2 H) = H$. したがって $W = W_1/(1 \mp W_1 W_2)$. ∎

(1)–(3) の各場合を図 7.5 にまとめた．このような図を**ブロック線図**とよぶ．

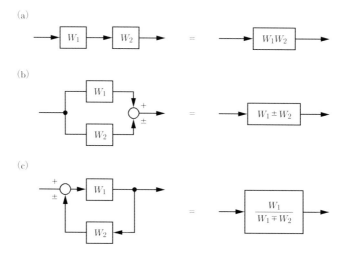

図 7.5 (a) 直列接続, (b) 並列接続, (c) フィードバックの各場合のブロック線図．丸印 (比較部) に書かれた符号は，各入力からの信号に対する演算を示す．

図 7.4 のシステムのブロック線図を書いてみると，図 7.6 の一番上の図のようになる．これを，上記の (1)–(3) の演算規則を用いてまとめていくことを考えてみよう．まず，c と $d/s(s+k)$ の部分は直列接続なので，一つにまとめると (1) より $cd/s(s+k)$ とできる．次に，それと b の関係はフィードバックなので (3) を用いて

$$\frac{cd}{s(s+k)} \bigg/ \left\{1 + \frac{bcd}{s(s+k)}\right\} = \frac{cd}{s(s+k)+bcd} \tag{7.108}$$

とまとめられる．最後に，これと a の直列接続を考えると，結局全システムを一つの装置にまとめたものとして

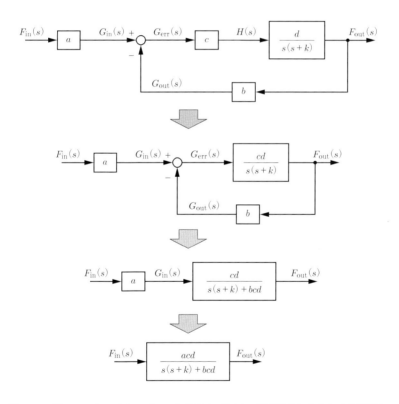

図 7.6 図 7.4 のシステムのブロック線図 (一番上). 以下はそれをまとめる手順を模式的に示している．

$$\frac{acd}{s(s+k)+bcd} \tag{7.109}$$

という演算が求まる．これは式 (7.106) で求めたものと一致する．これらのステップを図 7.6 にまとめた．

7.7.4 波 動 方 程 式

次に偏微分方程式の Laplace 変換による解法の例として，波動方程式と拡散方程式の解法を示す．まず本項では，6.4.1 項で扱った波動方程式の問題を，7.6 節で学んだ Laplace 変換の方法で解いてみよう．繰り返しになるが，問題の 1 次元波動方程式は

$$\frac{\partial^2 u}{\partial t^2} = c^2 \frac{\partial^2 u}{\partial x^2} \tag{7.110}$$

で与えられ，境界条件は

$$u(0,t) = 0, \quad u(L,t) = 0 \tag{7.111}$$

初期条件

$$u(x,0) = f(x), \quad \left.\frac{\partial u}{\partial t}\right|_{t=0} = g(x) \tag{7.112}$$

である．以下，簡単のために

$$f(x) = 0, \quad g(x) = \sin\frac{\pi x}{L} \tag{7.113}$$

とする．

6.4.1 項と同様に，式 (7.66) により $u(x,t)$ の t に関する Laplace 変換 $U(x,s)$ を導入し，式 (7.110) の両辺を t に関して Laplace 変換したものに式 (7.68) と (7.69) を用いると

$$s^2 U(x,s) - su(x,0) - \left.\frac{\partial u}{\partial t}\right|_{t=0} = c^2 \frac{\partial^2}{\partial x^2} U(x,s) \tag{7.114}$$

となる．ここに初期条件 (7.112) および (7.113) を代入すると

$$s^2 U(x,s) - \sin\frac{\pi x}{L} = c^2 \frac{\partial^2}{\partial x^2} U(x,s) \tag{7.115}$$

を得る．

式 (7.115) は $U(x,s)$ の x に関する微分方程式となっている．これを解く上での境界条件は，式 (7.111) の t に関する Laplace 変換

$$U(0,s) = 0, \quad U(L,s) = 0 \tag{7.116}$$

で与えられる．$U(x,s)$ の x に関する Laplace 変換を式 (7.74) によって導入すると，式 (7.115) を両辺 x に関して Laplace 変換したものは

$$s^2 \mathcal{U}(\xi,s) - \frac{\pi L}{L^2 \xi^2 + \pi^2} = c^2 \left\{ \xi^2 \mathcal{U}(\xi,s) - \xi U(0,s) - \left.\frac{\partial}{\partial x} U(x,s)\right|_{x=0} \right\} \tag{7.117}$$

となる．ここで，左辺第 2 項を得るのに式 (7.16) を用いた．この右辺中括弧内の第 2 項は境界条件 (7.116) の第 1 式からゼロであるが，最後の項はあらわには与えられていないので，これを $h(s)$ とおいて少し整理すると

$$\mathcal{U}(\xi,s) = \frac{1}{c^2 \xi^2 - s^2} \left\{ c^2 h(s) - \frac{\pi L}{L^2 \xi^2 + \pi^2} \right\} \tag{7.118}$$

という解が得られる．

まず，式 (7.118) を ξ に関して Laplace 逆変換して $U(x,s)$ を求めよう．そのために

$$\mathcal{U}(\xi,s) = \frac{c^2 h(s)}{c^2 \xi^2 - s^2} - \frac{\pi L}{\pi^2 c^2 + L^2 s^2} \left(\frac{c^2}{c^2 \xi^2 - s^2} - \frac{L^2}{L^2 \xi^2 + \pi^2} \right) \tag{7.119}$$

と変形してから，式 (7.15) と (7.16) を用いると

$$U(x,s) = \frac{c}{s} h(s) \sinh \frac{xs}{c} - \frac{\pi L}{\pi^2 c^2 + L^2 s^2} \left(\frac{c}{s} \sinh \frac{xs}{c} - \frac{L}{\pi} \sin \frac{\pi x}{L} \right) \tag{7.120}$$

と求まる．ここで，境界条件 (7.116) の第 2 式を満たすために

$$U(L,s) = \frac{c}{s} h(s) \sinh \frac{Ls}{c} - \frac{\pi L}{\pi^2 c^2 + L^2 s^2} \frac{c}{s} \sinh \frac{Ls}{c} = 0 \tag{7.121}$$

より，$h(s)$ が

$$h(s) = \frac{\pi L}{\pi^2 c^2 + L^2 s^2} \tag{7.122}$$

と定まる．これを式 (7.120) に代入すると

$$U(x,s) = \frac{L^2}{\pi^2 c^2 + L^2 s^2} \sin \frac{\pi x}{L} \tag{7.123}$$

と求まる．

最後に式 (7.123) を s に関して Laplace 逆変換することで

$$u(x,t) = \frac{L}{\pi c} \sin \frac{\pi c t}{L} \sin \frac{\pi x}{L} \tag{7.124}$$

という解が求まる．

確認のために，6.4.1 項で Fourier 変換を用いて求めた解と一致しているかみておこう．6.4.1 項で得た解は式 (6.63) で，A_n は式 (6.65)，B_n は式 (6.67) で与えられていた．ここで，A_n は $f(x) = 0$ よりすべてゼロとなる．B_n については，$g(x) = \sin(\pi x/L)$ より，$B_1 = L/(\pi c)$，それ以外はすべてゼロである．したがって，これらを代入した式 (6.63) は式 (7.124) と一致することが確認できる．

7.7.5 拡散方程式

最後に，6.2 節の例 6.1 で紹介した拡散方程式の問題を Laplace 変換を用いて解いてみよう：

$$\frac{\partial u}{\partial t} = \alpha \frac{\partial^2 u}{\partial x^2} \tag{7.125}$$

$$u(0,t) = 0, \quad u(L,t) = 0 \tag{7.126}$$

$$u(x,0) = f(x). \tag{7.127}$$

ただし簡単のために，以下では初期条件 (7.127) は

$$f(x) = \sin \frac{\pi x}{L} \tag{7.128}$$

として考える．

7.7.4 項と同様の手順により，まず $u(x,t)$ の t に関する Laplace 変換 $U(x,s)$ に対する微分方程式が以下の形で得られる：

$$sU(x,s) - \sin \frac{\pi x}{L} = \alpha \frac{\partial^2}{\partial x^2} U(x,s). \tag{7.129}$$

境界条件は，式 (7.126) の Laplace 変換

$$U(0,s) = 0, \quad U(L,s) = 0 \tag{7.130}$$

で与えられる．前節同様に $U(x,s)$ の x に関する Laplace 変換 $\mathcal{U}(\xi,s)$ を導入して

$$\mathcal{U}(\xi,s) = \frac{\alpha h(s)}{\alpha \xi^2 - s} - \frac{\pi L}{(\alpha \xi^2 - s)(L^2 \xi^2 + \pi^2)} \tag{7.131}$$

を得る．ここで $h(s) = \frac{\partial}{\partial x} U(x,s)\Big|_{x=0}$ とした．これを

$$\mathcal{U}(\xi,s) = \frac{\alpha h(s)}{\alpha \xi^2 - s} - \frac{\pi L}{\pi^2 \alpha + L^2 s}\left(\frac{\alpha}{\alpha \xi^2 - s} - \frac{L^2}{L^2 \xi^2 + \pi^2}\right) \tag{7.132}$$

と変形してから，式 (7.15) と (7.16) を用いて ξ に関して Laplace 逆変換することで

$$U(x,s) = \sqrt{\frac{\alpha}{s}} h(s) \sinh\sqrt{\frac{s}{\alpha}} x - \frac{\pi L}{\pi^2 \alpha + L^2 s}\left(\sqrt{\frac{\alpha}{s}} \sinh\sqrt{\frac{s}{\alpha}} x - \frac{L}{\pi}\sin\frac{\pi x}{L}\right) \tag{7.133}$$

が求まる．境界条件 $U(L,s) = 0$ から

$$h(s) = \frac{\pi L}{\pi^2 \alpha + L^2 s} \tag{7.134}$$

と定まる．したがって

$$U(x,s) = \frac{L^2}{\pi^2 \alpha + L^2 s}\sin\frac{\pi x}{L} \tag{7.135}$$

となる．最後に，式 (7.11) を用いて s に関する Laplace 逆変換を求めることで

$$u(x,t) = \exp\left(-\frac{\pi^2 \alpha}{L^2}t\right)\sin\frac{\pi x}{L} \tag{7.136}$$

という解が求まる．

確認のために，例 6.1 で Fourier 変換を用いて求めた解と一致しているかみておこう．例 6.1 で得た解は式 (6.33) で，A_n は式 (6.34) で与えられていた．ここで，A_n は $f(x) = \sin(\pi x/L)$ より，$A_1 = 1$，それ以外はすべてゼロである．したがって，これを代入した式 (6.33) は式 (7.136) と一致することが確認できる．

参 考 文 献

[全般]
- [1] 高木貞治：定本　解析概論，岩波書店，2010
- [2] 寺沢寛一：自然科学者のための数学概論，岩波書店，1954
- [3] 田辺行人，大高一雄：解析学，裳華房，1987

[2 章]
- [4] 猪狩惺：フーリエ級数，岩波書店，1975
- [5] 洲之内源一郎：フーリエ解析とその応用，サイエンス社，1977
- [6] 高橋健人：物理数学，培風館，1958
- [7] 中村宏樹：偏微分方程式とフーリエ解析，東京大学出版会，1981

[3 章]
- [8] 伊藤清三：ルベーグ積分入門，裳華房，1963
- [9] 犬井鉄郎：特殊関数，岩波書店，1962
- [10] 時弘哲治：工学における特殊関数，共立出版，2006

[4 章]
- [11] 中村宏樹：偏微分方程式とフーリエ解析，東京大学出版会，1981
- [12] 江沢洋：フーリエ解析，朝倉書店，2009

[5 章]
- [13] 田辺行人，中村宏樹：偏微分方程式と境界値問題，東京大学出版会，1981
- [14] 吉田耕作：積分方程式論第 2 版，岩波書店，1978

[6 章]
- [15] 小出昭一郎：物理現象のフーリエ解析，東京大学出版会，1981
- [16] 小野寺嘉孝：物理のための応用数学，裳華房，1988

[7 章]
- [17] E. クライツィグ (近藤次郎，堀素夫 監訳　阿部寛治 訳)：フーリエ解析と偏微分方程式，培風館，1987
- [18] 田代嘉宏：ラプラス変換とフーリエ解析要論，森北出版，1977

索　　引

欧　文

Cauchy-Riemann (コーシー・リーマン) の関係式 (Cauchy-Riemann relations)　98

Coulomb (クーロン) の法則 (Coulomb's law)　110

Dirichlet (ディリクレ) 型境界条件 (Dirichlet boundary condition)　77, 112

Dirichlet (ディリクレ) 積分 (Dirichlet integral)　65

Euler(オイラー) の公式 (Euler's formula)　4

Fick (フィック) の法則 (Fick's law of diffusion)　100

Fourier (フーリエ) 逆変換 (inverse Fourier transform)　62

Fourier (フーリエ) 級数 (Fourier series)　10, 41

Fourier (フーリエ) 級数展開 (Fourier series expansion)
　任意の区間 (arbitrary interval)　34
　複素係数 (complex coefficient)　35

Fourier (フーリエ) 級数展開定理 (Fourier series expansion theorem)　14

Fourier (フーリエ) 多項式 (Fourier polynomial)　10

Fourier (フーリエ) 展開係数 (Fourier series coefficient)　10, 41

Fourier (フーリエ) の積分定理 (Fourier integral theorem)　62

Fourier (フーリエ) 変換 (Fourier transform)　62
　積 (product)　74
　たたみこみ積分 (convolution integral)　73
　導関数 (derivative)　75

Gauss (ガウス) 積分 (Gauss integral)　53

Gibbs (ギブス) 現象 (Gibbs phenomenon)　27

Gram-Schmidt (グラム・シュミット) の正規直交化法 (Gram-Schmidt orthonormalization)　40

Green (グリーン) 関数 (Green's function)　78

Heaviside (ヘヴィサイド) 関数 (Heaviside's function)　72

Helmholtz (ヘルムホルツ) 方程式 (Helmholtz equation)　99

Hermite (エルミート) 多項式 (Hermite polynomial)　53

Jordan (ジョルダン) の補題 (Jordan's lemma)　106

Kronecker (クロネッカー) のデルタ (Kronecker delta)　7

Laguerre (ラゲール) 多項式 (Laguerre polynomial)　57

Laplace (ラプラス) 演算子 (Laplace operator)　97

Laplace (ラプラス) 逆変換 (inverse Laplace transform)　121

Laplace (ラプラス) 変換 (Laplace transform)　113
　原始関数 (primitive)　119
　たたみこみ積分 (convolution integral)　120
　導関数 (derivative)　118

Laplace 変換表 (table of Laplace transforms)　121

Laplace (ラプラス) 方程式 (Laplace equation)　97
Legendre (ルジャンドル) 多項式 (Legendre polynomial)　44
Neumann (ノイマン) 型境界条件 (Neumann boundary condition)　77
Parseval (パーセヴァル) の等式 (Parseval's identity)　33, 74
Poisson (ポアソン) 方程式 (Poisson equation)　82, 97
Riemann-Lebesgue (リーマン・ルベーグ) の定理 (Riemann-Lebesgue lemma)　18
Sturm-Liouville (スツルム・リウヴィル) 型固有値問題 (Sturm-Liouville eigenvalue problem)　85

あ 行

一様収束性 (uniform convergence)　23, 25
因果律 (causality)　106
エルミート多項式 → Hermite 多項式
オイラーの公式 → Euler の公式

か 行

回路方程式 (circuit equation)　131
ガウス積分 → Gauss 積分
拡散方程式 (diffusion equation)　100, 138
過減衰 (overdamping)　130
重ね合わせの原理 (superposition principle)　82
片側 Laplace 変換 (one-sided Laplace transform)　113
加法定理 (addition theorem)　4
完全 (complete)　43
ギブス現象 → Gibbs 現象
基本解 (fundamental solution)　83

境界条件 (boundary condition)　77
境界値問題 (boundary value problem)　77
虚数単位 (imaginary unit)　4
クーロンの法則 → Coulomb の法則
区分的に滑らか (piecewise differentiable)　11, 12
区分的に連続 (piecewise continuous)　11
グラム・シュミットの正規直交化法 → Gram-Schmidt の正規直交化法
グリーン関数 → Green 関数
クロネッカーのデルタ → Kronecker のデルタ
減衰振動 (damped oscillation)　129
合成積 → たたみこみ積分
勾配 (gradient)　100
項別積分 (term-by-term integration)　24
項別微分 (term-by-term differentiation)　24
コーシー・リーマンの関係式 → Cauchy-Riemann の関係式
固有関数 (eigenfunction)　85, 103
固有値 (eigenvalue)　103

さ 行

最小二乗近似 (least squares approximation)　30
三角関数 (trigonometric function)　3
指数関数 (exponential function)　4
自動制御系 (automatic control system)　132
周期的デルタ関数 (periodic delta function)　21
主要解 (principal solution)　78
ジョルダンの補助定理 → Jordan の補題
スツルム・リウヴィル型固有値問題 → Sturm-Liouville 型固有値問題
正規直交関数系 (orthonormal function system)　38
正規直交完全系 (complete orthononmal

索　引　145

system) 43
相反性 (reciprocal) 81

た 行

たたみこみ積分 (convolution integral) 72
単位階段関数 (unit step function) 72, 117
単振動 (simple harmonic oscillation) 129
超関数 (distribution) 69
調和関数 (harmonic function) 98
直交関数系 (orthonormal system) 38
直交性 (trigonometric function) 7
直交多項式系 (orthogonal polynomials) 38
ディリクレ型境界条件 → Dirichlet 型境界条件
ディリクレ積分 → Dirichlet 積分
デルタ関数 (delta function) 68
電気回路 (electric circuit) 131
同次境界条件 (homogeneous boundary condition) 78
同次微分方程式 (homogeneous differential equation) 77
特性関数 (characteristic function) 103
特性値 (characteristic value) 103

な 行

熱伝導方程式 (heat conduction equation) 100
ノイマン型境界条件 → Neumann 型境界条件

は 行

パーセヴァルの等式 → Parseval の等式
波動方程式 (wave equation) 99, 108, 136
非同次境界条件 (inhomogeneous boundary condition) 78
非同次微分方程式 (inhomogeneous differential equation) 77
フィードバック制御系 (feedback control system) 132
フィックの法則 → Fick の法則
ブロック線図 (block diagram) 134
平均収束 (mean convergence) 31, 43
平均二乗誤差 (mean square error) 30
ヘヴィサイド関数 → Heaviside 関数
ヘルムホルツ方程式 → Helmholtz 方程式
変数分離形 (separaion variables) 101
変数分離法 (separation of variables method) 101
ポアソン方程式 → Poisson 方程式

や 行

有界変動 (bounded variation) 13

ら 行

ラゲール多項式 → Laguerre 多項式
ラプラシアン (Laplacian) 97
リーマン・ルベーグの定理 → Riemann-Lebesgue の定理
留数定理 (residue theorem) 105
両側 Laplace 変換 (two-sided Laplace transform) 113
臨界減衰 (critical damping) 130
ルジャンドル多項式 → Legendre 多項式

東京大学工学教程

編纂委員会
光石　衛（委員長）
相田　仁
北森　武彦
小芦　雅斗
佐久間一郎
関村　直人
高田　毅士
永長　直人
野地　博行
原田　昇
藤原　毅夫
水野　哲孝
吉村　忍（幹事）

数学編集委員会
永長　直人（主査）
岩田　覚
駒木　文保
竹村　彰通
室田　一雄

物理編集委員会
小芦　雅斗（主査）
押山　淳
小野　靖
近藤　高志
高木　周
高木　英典
田中　雅明
陳　昱
山下　晃一
渡邉　聡

化学編集委員会
野地　博行（主査）
加藤　隆史
菊地　隆司
高井　まどか
野崎　京子
水野　哲孝
宮山　勝
山下　晃一

2017 年 2 月

著者の現職

加藤雄介（かとう・ゆうすけ）
東京大学大学院総合文化研究科広域科学専攻　教授

求　幸年（もとめ・ゆきとし）
東京大学大学院工学系研究科物理工学専攻　教授

東京大学工学教程　基礎系　数学
フーリエ・ラプラス解析

平成29年3月10日	発　　行
令和4年12月10日	第4刷発行

編　者	東京大学工学教程編纂委員会
著　者	加　藤　雄　介
	求　　　幸　年
発行者	池　田　和　博
発行所	丸善出版株式会社

〒101-0051　東京都千代田区神田神保町二丁目17番
編集：電話（03）3512-3266／FAX（03）3512-3272
営業：電話（03）3512-3256／FAX（03）3512-3270
https://www.maruzen-publishing.co.jp

© The University of Tokyo, 2017

組版／三美印刷株式会社
印刷・製本／大日本印刷株式会社

ISBN 978-4-621-30119-7 C 3341　　　Printed in Japan

JCOPY 〈（一社）出版者著作権管理機構　委託出版物〉
本書の無断複写は著作権法上での例外を除き禁じられています．複写される場合は，そのつど事前に，（一社）出版者著作権管理機構（電話03-5244-5088, FAX 03-5244-5089, e-mail : info@jcopy.or.jp）の許諾を得てください．